"碳中和多能融合发展"丛书编委会

主　编:

刘中民　中国科学院大连化学物理研究所所长/院士

编　委:

包信和　中国科学技术大学校长/院士

张锁江　中国科学院过程工程研究所研究员/院士

陈海生　中国科学院工程热物理研究所所长/研究员

李耀华　中国科学院电工研究所所长/研究员

吕雪峰　中国科学院青岛生物能源与过程研究所所长/研究员

蔡　睿　中国科学院大连化学物理研究所研究员

李先锋　中国科学院大连化学物理研究所副所长/研究员

孔　力　中国科学院电工研究所研究员

王建国　中国科学院大学化学工程学院副院长/研究员

吕清刚　中国科学院工程热物理研究所研究员

魏　伟　中国科学院上海高等研究院副院长/研究员

孙永明　中国科学院广州能源研究所副所长/研究员

葛　蔚　中国科学院过程工程研究所研究员

王建强　中国科学院上海应用物理研究所研究员

何京东　中国科学院重大科技任务局材料能源处处长

"十四五"国家重点出版物出版规划项目

国家出版基金项目
NATIONAL PUBLICATION FOUNDATION

碳中和多能融合发展丛书

刘中民　主编

分子筛的传质
与反应模型

叶　茂　李　华　刘中民　高铭滨　等　著

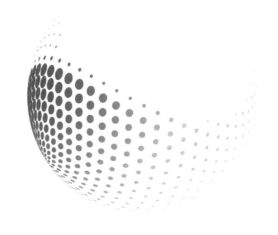

科学出版社
龙门书局
北　京

内 容 简 介

本书涉及分子筛晶体的表面传质、晶内扩散、反应过程的建模和可视化观测。首先简要介绍了分子筛微孔晶体的结构和传质的数学模型；其次着重阐述了分子筛晶体表面传质阻力系数的推导和测量方法，以及晶内扩散系数的模型预测，并结合可视化手段探索了分子筛表面传质调控对催化性能的影响；最后介绍了分子筛的多组分反应传质模型以及在甲醇制烯烃过程中的应用。本书的创新点是，描述了表面传质阻力系数的理论推导和测量，并基于超分辨荧光成像阐述了表面传质对分子筛催化反应的影响。

本书可为与化学、化工相关的科研人员以及广大高校师生提供重要参考。

图书在版编目（CIP）数据

分子筛的传质与反应模型 / 叶茂等著. -- 北京：龙门书局，2024. 12.
—（碳中和多能融合发展丛书 / 刘中民主编）. -- ISBN 978-7-5088-6501-0

Ⅰ. TQ426.99

中国国家版本馆 CIP 数据核字第 2024NM1090 号

责任编辑：吴凡洁　张娇阳 / 责任校对：王萌萌
责任印制：师艳茹 / 封面设计：有道文化

科 学 出 版 社
龙 门 书 局 出版
北京东黄城根北街 16 号
邮政编码：100717
http://www.sciencep.com

北京中科印刷有限公司印刷
科学出版社发行　各地新华书店经销
*
2024 年 12 月第 一 版　开本：787×1092　1/16
2024 年 12 月第一次印刷　印张：11 1/4
字数：264 000
定价：168.00 元
（如有印装质量问题，我社负责调换）

作 者 简 介

➢ 叶茂

中国科学院大连化学物理研究所研究员，博士生导师，低碳催化与工程研究部副部长，催化新过程开发与放大研究组组长。主要研究领域：工业催化，流化床反应器，分子筛反应与传递。主持国家重点研发计划，国家自然科学基金重大研究计划、重大项目和重点项目，中国科学院战略性先导科技专项等重点项目。

E-mail：maoye@dicp.ac.cn。

➢ 李华

中国科学院大连化学物理研究所研究员。主要研究领域：分子筛传质理论和模型，分子筛反应动力学模型等。

E-mail：lihua@dicp.ac.cn。

➢ 刘中民

中国工程院院士，中国科学院大连化学物理研究所所长。曾荣获国家技术发明奖一等奖、国家科学技术进步奖一等奖、何梁何利基金科学与技术创新奖、全国创新争先奖、全国五一劳动奖章、最美科技工作者等多项奖励和称号。长期从事能源化工领域应用催化研究与技术开发，作为技术总负责人主持完成了多项创新成果并实现了产业化。

E-mail：zml@dicp.ac.cn。

➢ 高铭滨

厦门大学化学化工学院副教授。主要研究领域：跨尺度时空分辨表征新技术，先进分子动力学模拟等。

E-mail：mbgao@xmu.edu.cn。

2020 年 9 月 22 日，习近平主席在第七十五届联合国大会一般性辩论上发表重要讲话，提出"中国将提高国家自主贡献力度，采取更加有力的政策和措施，二氧化碳排放力争于 2030 年前达到峰值，努力争取 2060 年前实现碳中和"。"双碳"目标既是中国秉持人类命运共同体理念的体现，也符合全球可持续发展的时代潮流，更是我国推动高质量发展、建设美丽中国的内在需求，事关国家发展的全局和长远。

要实现"双碳"目标，能源无疑是主战场。党的二十大报告提出，立足我国能源资源禀赋，坚持先立后破，有计划分步骤实施碳达峰行动。我国现有的煤炭、石油、天然气、可再生能源及核能五大能源类型，在发展过程中形成了相对完善且独立的能源分系统，但系统间的不协调问题也逐渐显现，难以跨系统优化耦合，导致整体效率并不高。此外,新型能源体系的构建是传统化石能源与新型清洁能源此消彼长、互补融合的过程，是一项动态的复杂系统工程，而多能融合关键核心技术的突破是解决上述问题的必然路径。因此，在"双碳"目标愿景下，实现我国能源的融合发展意义重大。

中国科学院作为国家战略科技力量主力军，深入贯彻落实党中央、国务院关于碳达峰碳中和的重大决策部署，强化顶层设计，充分发挥多学科建制化优势，启动了"中国科学院科技支撑碳达峰碳中和战略行动计划"（以下简称行动计划）。行动计划以解决关键核心科技问题为抓手，在化石能源和可再生能源关键技术、先进核能系统、全球气候变化、污染防控与综合治理等方面取得了一批原创性重大成果。同时，中国科学院前瞻性地布局实施"变革性洁净能源关键技术与示范"战略性先导科技专项(以下简称专项)，部署了合成气下游及耦合转化利用、甲醇下游及耦合转化利用、高效清洁燃烧、可再生能源多能互补示范、大规模高效储能、核能非电综合利用、可再生能源制氢/甲醇，以及我国能源战略研究等八个方面研究内容。专项提出的"化石能源清洁高效开发利用"、"可再生能源规模应用"、"低碳与零碳工业流程再造"、"低碳化、智能化多能融合"四主线"多能融合"科技路径，有望为实现"双碳"目标和推动能源革命提供科学、可行的技术路径。

"碳中和多能融合发展"丛书面向国家重大需求，响应中国科学院"双碳"战略行动计划号召，集中体现了国内，尤其是中国科学院在"双碳"背景下在能源领域取得的关键性技术和成果，主要涵盖化石能源、可再生能源、大规模储能、能源战略研究等方向。丛书不但充分展示了各领域的最新成果，而且整理和分析了各成果的国内国际发展情况、产业化情况、未来发展趋势等，具有很高的学习和参考价值。希望这套丛书可以为能源领域相关的学者、从业者提供指导和帮助，进一步推动我国"双碳"目标的实现。

中国科学院院士

2024 年 5 月

分子筛是一种典型的纳米多孔材料，广泛应用于石油化工领域的吸附分离、离子交换、催化等过程中。特别是在许多工业催化过程(如催化裂化、甲醇制烯烃等)中，分子筛催化剂所具有的纳米孔道、拓扑结构以及可调变的催化活性位点等特点，使得其表现出优异的择形催化性能。一般来说，分子筛催化剂的择形催化性能与客体分子在纳米孔道中的传质密切相关。改变分子筛中纳米孔道的尺寸，可以改变不同客体分子的传质速率，从而调变产物分布，进而调控分子筛的催化效率。但是对分子筛催化剂的传质机理的理解至今还不完善，特别是对分子筛催化反应中客体分子反应与传质历程的理解，仍是极具挑战的研究方向。

中国科学院大连化学物理研究所低碳催化与工程研究部的研究团队围绕 SAPO-34 分子筛催化甲醇制烯烃过程的反应与扩散历程，研究了客体分子从气相扩散进入分子筛晶体内部的过程，建立了客体分子传质与分子筛拓扑结构的定量关系，发展了考虑积炭物种变化的分子筛尺度反应扩散模型，结合高分辨率成像技术获取了甲醇制烯烃过程中 SAPO-34 分子筛晶体内分子反应扩散历程，为甲醇制烯烃反应过程优化和分子筛催化剂开发提供了一定的理论参考。本书的内容主要源于作者团队近年来在上述方面取得的研究成果，是集体努力的结果。

为了使读者对分子筛反应扩散过程有全面的了解，本书的第 1 章首先对分子筛微孔晶体结构进行了介绍。第 2 章主要介绍了分子筛中客体分子的传质模型。为了使感兴趣的研究人员对分子筛传质理论模型有深入的认识，第 2 章在介绍传质理论模型时力求给出详细的数学推导。第 3 章介绍了分子筛晶体表面传质过程，详细推导了等压吸附和对流状态下的表面传质阻力系数(表面渗透率)的理论计算公式，以此为基础提出了表面传质阻力系数的测量方法。第 4 章主要介绍了分子筛晶内扩散系数的测量方法，以及如何建立晶内扩散系数与分子筛拓扑结构之间的理论关联。第 5 章在第 3、4 章基础上，介绍了分子筛表面传质对催化反应的影响，特别展示了改变表面阻力来实现对催化反应的调控。第 6 章介绍了分子筛反应传质模型的建立，以及如何将反应扩散模型与光谱成像技术相结合，以研究甲醇制烯烃过程中 SAPO-34 分子筛内反应物、产物以及酸性位点的时空演化过程，并进一步深入理解甲醇制烯烃过程中分子筛内酸性位点和活性物种的利用效率对反应的影响。

本书由叶茂、李华、刘中民、高铭滨等撰写，特别感谢团队近年来毕业的博士研究生袁小帅、彭诗超、谢宜委等对相关工作做出的贡献。作者虽然力求本书高质量面世，但由于知识水平所限，书中定会有不妥之处，真诚希望读者不吝指正，作者将不胜感激。

诚挚感谢中国科学院战略先导专项项目资助，感谢科学出版社对本书出版的支持和付出。

作　者

2024 年 10 月

目录

第 1 章
分子筛微孔晶体结构

分子筛微孔晶体独特的孔道结构决定了它具有优异的吸附、扩散和催化性能。无论是客体分子在晶体内部的扩散性能，还是分子筛催化的选择性，都与晶体内孔道结构、孔道尺寸、孔道走向以及空间容积、活性位点分布等因素密切相关。因此，为便于理解客体分子在分子筛晶体内的传质与反应，本章将简要介绍分子筛微孔晶体结构。如果读者需要了解更多关于分子筛微孔晶体结构的细节，可以参考相关的书籍，如徐如人等[1]的著作以及分子筛数据库[2]。

1.1 分子筛基本结构单元

截至 2022 年 8 月，国际分子筛协会结构数据库（Database of Zeolite Structures）[2]共收录有 246 种分子筛结构类型代码（表 1.1.1）[2]。每一种结构类型均由三个大写字母组成的编码表示，这些字母通常与典型材料的名字相关。

表 1.1.1　246 种分子筛结构类型代码（截至 2022 年 8 月）

ABW	ACO	AEI	AEL	AEN	AET	AFG	AFI	AFN	AFO	AFR	AFS
AFT	AFV	AFX	AFY	AHT	ANA	ANO	APC	APD	AST	ASV	ATN
ATO	ATS	ATT	ATV	AVE	AVL	AWO	AWW	BCT	BEC	BIK	BOF
BOG	BOZ	BPH	BRE	BSV	CAN	CAS	CDO	CFI	CGF	CGS	CHA
-CHI	-CLO	CON	CSV	CZP	DAC	DDR	DFO	DFT	DOH	DON	EAB
EDI	EEI	EMT	EON	EPI	ERI	ESV	ETL	ETR	ETV	EUO	EWO
EWS	-EWT	EZT	FAR	FAU	FER	FRA	GIS	GIU	GME	GON	GOO
HEU	IFO	IFR	-IFT	-IFU	IFW	IFY	IHW	IMF	IRN	IRR	-IRY
ISV	ITE	ITG	ITH	ITR	ITT	-ITV	ITW	IWR	IWS	IWV	IWW
JBW	JNT	JOZ	JRY	JSN	JSR	JST	JSW	KFI	LAU	LEV	LIO
-LIT	LOS	LOV	LTA	LTF	LTJ	LTL	LTN	MAR	MAZ	MEI	MEL
MEP	MER	MFI	MFS	MON	MOR	MOZ	MRT	MSE	MSO	MTF	MTN
MTT	MTW	MVY	MWF	MWW	NAB	NAT	NES	NON	NPO	NPT	NSI
OBW	OFF	OKO	OSI	OSO	OWE	-PAR	PAU	PCR	PHI	PON	POR
POS	PSI	PTO	PTT	PTY	PUN	PWN	PWO	PWW	RHO	-RON	PRO
RSN	RTE	RTH	RUT	RWR	RWY	SAF	SAO	SAS	SAT	SAV	SBE
SBN	SBS	SBT	SEW	SFE	SFF	SFG	SFH	SFN	SFO	SFS	SFW

续表

SGT	SIV	SOD	SOF	SOR	SOS	SOV	SSF	-SSO	SSY	STF	STI
STT	STW	-SVR	SVV	SWY	-SYT	SZR	TER	THO	TOL	TON	TSC
TUN	UEI	UFI	UOS	UOV	UOZ	USI	UTL	UWY	VET	VFI	VNI
VSV	WEI	-WEN	YFI	YUG	ZON						

注：符号"-"指间断结构。

根据定义，分子筛是由 TO_4 四面体之间通过共享顶点而形成的三维四连接骨架[1]。其中 T 原子通常是指 Si、Al 或 P 原子，少数情况下也可以指其他原子，如 B、Ga、Be 等。这些四面体（[SiO_4]、[AlO_4]或[PO_4]等）是构成分子筛骨架的最基本的结构单元，被称为初级结构单元[1,3]。在这些结构中，Si、Al 和 P 原子通过 sp^3 杂化与 O 原子成键，Si—O 键长约为 $1.61Å$[①]，Al—O 键长约为 $1.75Å$，P—O 键长约为 $1.54Å$。每个 T 原子都与四个 O 原子相连，每个 O 原子桥联两个 T 原子，如图 1.1.1 所示。在分子筛骨架中，[SiO_4] 四面体为电中性，[AlO_4]带有一个负电荷，[PO_4]带有一个正电荷。因此，仅由[SiO_4]^0 和 [AlO_4]$^-$构成的分子筛具有阴离子骨架结构，骨架负电荷由额外的阳离子平衡。而由[AlO_4]$^-$ 和[PO_4]$^+$严格交替构成的分子筛骨架为电中性，不需要额外的阳离子平衡骨架电荷，只有吸附水或模板剂分子存在于孔道中[1,3]。

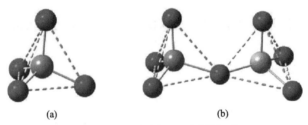

图 1.1.1　T 原子与 O 原子的相连

(a) TO_4 四面体；(b) TO_4 四面体共用桥氧原子

由初级结构单元通过共享氧原子按照不同的连接方式组成的多元环结构单元，被称为次级结构单元(secondary building units，SBU)[1,3-5]。目前国际分子筛协会结构数据库共收录 23 种 SBU(图 1.1.2)[2]。在图 1.1.2 中，每个顶点代表一个 T 原子，两个 T 原子中间

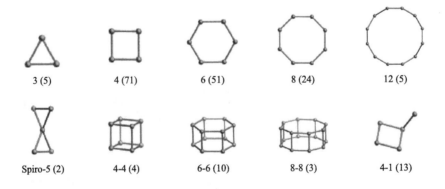

3 (5)　　　4 (71)　　　6 (51)　　　8 (24)　　　12 (5)

Spiro-5 (2)　　　4-4 (4)　　　6-6 (10)　　　8-8 (3)　　　4-1 (13)

① $1Å=0.1nm=10^{-10}m$。

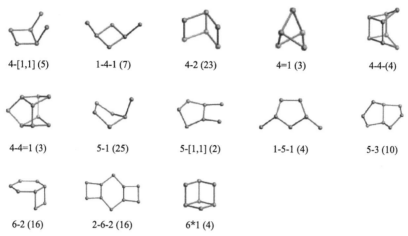

图 1.1.2　分子筛中常见的 SBU 及其符号[2]

括号中的数字是次级结构单元在已知结构中出现的概率

的氧原子被省略；每种 SBU 下的符号代表该 SBU 的类型。例如，4 代表由四个 T 原子组成的四元环，4-4 代表两个四元环，5-1 代表一个五元环和一个 T 原子。

分子筛骨架中存在着具有某些特征的复合结构单元(composite building units，CBU)[1]。国际分子筛协会结构数据库当前收录了 62 种 CBU，如图 1.1.3 所示[2]。不同的分子筛骨架会含有相同的 CBU，也就是说，同一 CBU 可以通过不同的连接方式形成不同的骨架结构类型。例如，SOD 笼通过共面连接会形成方钠石(SOD)结构，通过双四元环连接会形成 A 型沸石(LTA)结构,通过双六元环连接则会形成八面沸石(FAU)和 EMT 结构[1,3,6]。

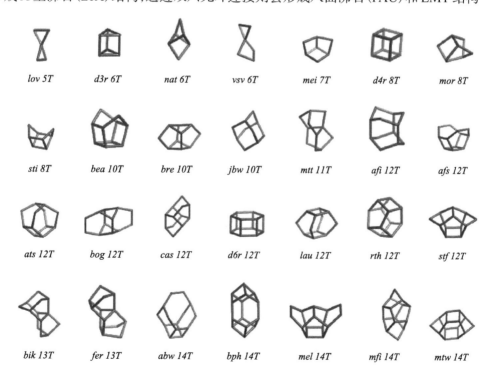

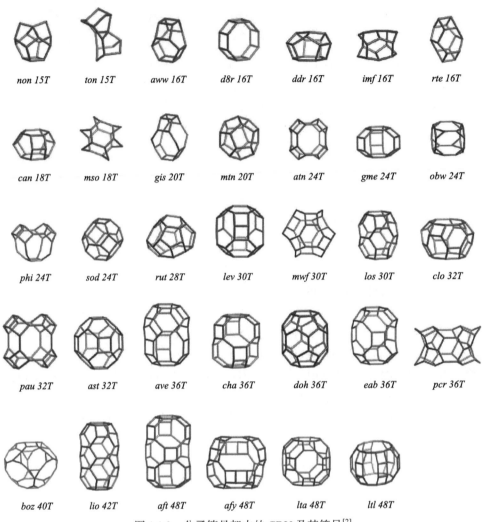

图 1.1.3　分子筛骨架中的 CBU 及其符号[2]

1.2　典型分子筛结构

分子筛的孔道由 n 个 T 原子所围成的环(即窗口)所限定,它对分子的扩散性能有非常重要的影响。根据孔道窗口的大小可以将分子筛分为小孔、中孔、大孔以及超大孔分子筛。小孔分子筛,如 LTA,其孔道窗口由 8 个 TO_4 四面体围成,孔径大约为 4.0Å;中孔分子筛,如 MFI,其孔道窗口由 10 个 TO_4 四面体围成,孔径大约为 5.5Å;大孔分子筛,如 FAU 和 MOR,其孔道窗口由 12 个 TO_4 四面体围成,孔径大约为 7.5Å;围成孔道窗口的 T 原子数超过 12 的分子筛,则被称为超大分子筛[1]。孔道可以向一维、二维或三维方向延伸。表 1.2.1 给出了一些典型分子筛的结构特点和骨架结构,包括 SOD、FAU、EMT、LTL、CAN、CHA、MOR、MFI、MEL、VFI、AET 等类型分子筛。

表 1.2.1　一些典型的分子筛的结构特点和骨架结构[1,2]

结构特点	骨架结构
方钠石 (SOD)[1] $\left|Na_8^+Cl_2^-\right|\left[Al_6Si_6O_{24}\right]$ 晶系：立方晶系 空间群：$P\bar{4}3n$ 晶胞参数：$a = 8.870$Å 孔道相关：六元环 骨架密度：17.2T/1000Å³	 SOD 骨架结构[2]
八面沸石 (FAU)[1] $Na_{56}[Al_{56}Si_{136}O_{384}]\cdot264H_2O$ (NaX 型) 晶系：六方晶系 空间群：$Fd\bar{3}m$ 晶胞参数：$a = 24.86\sim25.02$Å (NaX) 　　　　　$a = 24.60\sim24.85$Å (Y 型) 孔道相关：十二元环，(7.4×7.4) Å 骨架密度：12.7T/1000Å³	 FAU 骨架结构[2]
EMC2 (EMT)[1] $\left|Na_{21}^+(C_{12}H_{24}O_6)_4\right|\left[Al_{21}Si_{75}O_{192}\right]$ 晶系：六方晶系 空间群：$P6_3/mmc$ 晶胞参数：$a = 17.374$Å, $c = 28.365$Å 孔道相关：十二元环 骨架密度：12.9T/1000Å³	 EMT 骨架结构[2]
LTL[1] $\left|K_6^+Na_3^+(H_2O)_{21}\right|\left[Al_9Si_{27}O_{72}\right]$ 晶系：六方晶系 空间群：$P6/mmm$ 晶胞参数：$a = 18.40$Å, $c = 7.52$Å 孔道相关：十二元环，(7.1×7.1) Å 骨架密度：16.3T/1000Å³	 LTL 骨架结构[2]
钙霞石 (CAN)[1] $\left|Na_6^+Ca^{2+}CO_3^{2-}(H_2O)_2\right|\left[Al_6Si_6O_{24}\right]$ 晶系：六方晶系 空间群：$P6_3$ 晶胞参数：$a = 12.75$Å, $c = 5.14$Å 孔道相关：十二元环，(5.9×5.9) Å 骨架密度：16.6T/1000Å³	 CAN 骨架结构[2]

结构特点	骨架结构
菱沸石 (CHA)[1] $\left\| Ca_6^{2+}(H_2O)_{40} \right\|\left[Al_{12}Si_{24}O_{72} \right]$ 晶系：菱方晶系 空间群：$R\bar{3}m$ 晶胞参数：$a = 9.42$Å, $\alpha = 94.47°$ 孔道相关：八元环，$(3.8×3.8)$ Å 骨架密度：14.5T/1000Å³	 CHA 骨架结构[2]
丝光沸石 (MOR)[1] $\left\| Na_8^+(H_2O)_{24} \right\|\left[Al_8Si_{40}O_{96} \right]$ 晶系：正交晶系 空间群：$Cmcm$ 晶胞参数：$a = 18.1$Å, $b = 20.5$Å, $c = 7.5$Å 孔道相关：八元环，$(2.6×5.7)$ Å 　　　　　十二元环，$(6.5×7.0)$ Å 骨架密度：17.2T/1000Å³	 MOR 骨架结构[2]
ZSM-5 (MFI)[1] $\left\| Na_n^+(H_2O)_{16} \right\|\left[Al_nSi_{96-n}O_{192} \right]$ 晶系：正交晶系 空间群：$Pnma$ 晶胞参数：$a = 20.07$Å, $b = 19.92$Å, $c = 13.42$Å 孔道相关：十元环，$(5.5×5.1)$ Å, $(5.3×5.6)$ Å 骨架密度：17.9T/1000Å³	 MFI 骨架结构[2]
ZSM-11 (MEL)[1] $\left\| Na_n^+(H_2O)_{16} \right\|\left[Al_nSi_{96-n}O_{192} \right]$ 晶系：四方晶系 空间群：$I\bar{4}m2$ 晶胞参数：$a = 20.12$Å, $c = 13.44$Å 孔道相关：十元环，$(5.5×5.3)$ Å 骨架密度：17.67T/1000Å³	 MEL 骨架结构[2]
VPI-5 (VFI)[1] $\|(H_2O)_{42}\|[Al_{18}P_{18}O_{72}]$ 晶系：六方晶系 空间群：$P6_3$ 晶胞参数：$a = 18.975$Å, $c = 8.104$Å 孔道相关：十八元环，$(12.7×12.7)$ Å 骨架密度：14.2T/1000Å³	 VFI 骨架结构[2]

续表

结构特点	骨架结构
AlPO$_4$-8 (AET) [1] [Al$_{36}$P$_{36}$O$_{144}$] 晶系：正交晶系 空间群：$Cmc2_1$ 晶胞参数：$a = 33.29$Å, $b = 14.76$Å, $c = 8.257$Å 孔道相关：十四元环，(7.9×8.7)Å 骨架密度：17.7T/1000Å^3	 AET 骨架结构[2]

1.3　小　结

　　分子筛的孔道结构在很大程度上决定了分子筛的传质性能，其孔道结构的变化会极大地改变客体分子的传质速率，从而影响分子筛的催化和分离效率。可见，了解分子筛的孔道结构有助于深入理解分子筛的催化和分离等性能。本章简要介绍了分子筛的基本结构单元和一些典型的分子筛结构，以及一些常见的相关术语，以期望能够为读者建立起简单的分子筛结构图像。关于晶体结构更为详细的介绍，可以参考相关的专门书籍。

本章参考文献

[1] 徐如人, 庞文琴, 霍启升, 等. 分子筛与多孔材料化学. 2 版. 北京: 科学出版社, 2015.

[2] Baerlocher C, McCusker L B. Data of zeolite structure. (1996-10-1) [2022-10-30]. www.iza-structure.org/data-bases.

[3] 郑安民. 分子筛催化理论计算——从基础到应用. 北京: 科学出版社, 2020.

[4] Meier W M, Olson D H. Atlas of Zeolites and Related Materials. London: Butterworths, 1987.

[5] Smith J V. Topochemistry of zeolites and related materials. 1. Topology and geometry. Chemical Reviews, 1988, 88: 149-182.

[6] Newsam J M. The zeolite cage structure. Science, 1989, 231: 1093-1099.

第 2 章

分子筛传质的数学模型

分子筛的质量传递过程可以通过二阶偏微分方程及其边界条件进行描述。边界条件的选取由分子筛晶体表界面附近两相间的浓度依赖关系确定。常用的边界条件有两种：即第一类边界条件，其忽略了晶体界面的表面传质阻力，假设晶体边缘吸附组分的浓度与周围气相(或液相)的浓度能够快速达到平衡；第三类边界条件，其考虑了分子筛晶体界面存在表面传质阻力，晶体边缘吸附组分的浓度与晶体周围气相(或液相)的浓度需克服表面传质阻力才能达到平衡。相对于第一类边界条件，第三类边界条件引入了一个额外的参数——表面传质系数，表示晶体表面两侧两相浓度趋向平衡的能力。在本章中，称具有第一类边界条件的传质模型为单阻力传质模型，而具有第三类边界条件的传质模型为双阻力传质模型。针对单一组分并且传质系数(包括晶内扩散系数和表面传质系数)为常数的情况，详细推导了平板型(一维)、球型和长方体型(三维)分子筛晶体传质方程的求解过程。

尽管这些方程解的解析公式能够在一些文献中查阅，但具体求解过程却经常被忽略。作者期望通过本章的详细推导帮助大家梳理求解的细节，从而能够在针对特定问题的求解过程中受到启发。

2.1　平板型颗粒传质模型

平板型晶体的传质问题可以转化为空间维度为一维的偏微分方程定解问题，它也是理解球型和长方体型晶体求解过程的基础。在以下的推导中均假设平板型晶体的厚度为$2l$(l为平板型晶体厚度的一半)，并将一维空间坐标(x轴)的原点设置在晶体中心。

2.1.1　单阻力传质模型

本小节将推导平板型晶体的单阻力传质模型的解析解，以及晶体的相对吸附量或脱附量表达式。

由于忽略了晶体表界面的传质阻力，单阻力传质模型实际上只反映了晶内扩散阻力，其传质参数只有晶内扩散系数。晶体吸附组分的传质方程为

$$\frac{\partial q}{\partial t} = D\frac{\partial^2 q}{\partial x^2} \tag{2.1.1a}$$

$$q\big|_{t=0} = q_0 \tag{2.1.1b}$$

$$\frac{\partial q}{\partial x}\bigg|_{x=0} = 0 , \quad q\big|_{x=l} = q_e \tag{2.1.1c}$$

式中，t 为时间，s；x 为一维空间坐标，m；q 为吸附组分的浓度（是 t 和 x 的函数），kmol/m³；D 为晶内扩散系数，m²/s。式（2.1.1b）为初始条件，表示晶体内部组分的初始浓度为 q_0（kmol/m³）。式（2.1.1c）为边界条件，表示晶体中心的浓度梯度为 0、晶体边缘的浓度值固定为 q_e（kmol/m³）。q_e 为与晶体外部达到平衡时的晶内吸附组分的浓度。该边界条件隐含浓度曲线 $q(t, x)$ 是关于 x 的偶函数，且晶体外的浓度在吸附过程中保持不变。

方程（2.1.1）为非齐次边界条件问题，通过变换

$$q(t, x) = w(t, x) + q_e \tag{2.1.2}$$

可以将方程转化为齐次边界条件问题

$$\frac{\partial w}{\partial t} = D\frac{\partial^2 w}{\partial x^2} \tag{2.1.3a}$$

$$w\big|_{t=0} = q_0 - q_e \tag{2.1.3b}$$

$$\frac{\partial w}{\partial x}\bigg|_{x=0} = 0 , \quad w\big|_{x=l} = 0 \tag{2.1.3c}$$

根据分离变量法[1]，假设方程（2.1.3a）有形式解

$$w(t, x) = T(t)X(x) \tag{2.1.4}$$

式中，函数 $w(t, x)$ 为时间函数 $T(t)$ 和空间函数 $X(x)$ 之积。

将式（2.1.4）代入式（2.1.3a），得到

$$T'(t)X(x) = DT(t)X''(x) \tag{2.1.5}$$

两边同除以 $DT(t)X(x)$，得到

$$\frac{T'(t)}{DT(t)} = \frac{X''(x)}{X(x)} \tag{2.1.6}$$

式（2.1.6）等号左右两侧分别为 t 的函数和 x 的函数，因此它们必须等于一常数，设这一常数为 $-\lambda$，则可得到

$$X''(x) + \lambda X(x) = 0 \tag{2.1.7a}$$

$$T'(t) + \lambda DT(t) = 0 \tag{2.1.7b}$$

形式解（2.1.4）需要满足边界条件（2.1.3c），即

$$T(t)X'(0) = 0 , \quad T(t)X(l) = 0 \tag{2.1.8}$$

若 $T(t) = 0$，则只能得到无意义的平庸解 $w(x) \equiv 0$，这是因为 $q(t, x) \equiv q_e$ 不满足初始

条件 (2.1.1b)。故 $T(t) \neq 0$，由式 (2.1.8) 可得到

$$X'(0) = 0, \quad X(l) = 0 \tag{2.1.9}$$

综合式 (2.1.7a) 和式 (2.1.9)，可得到空间函数 $X(x)$ 的常微分方程

$$X''(x) + \lambda X(x) = 0 \tag{2.1.10a}$$

$$X'(0) = 0, \quad X(l) = 0 \tag{2.1.10b}$$

边值问题 (2.1.10) 是一个本征值问题。本征值 λ 有三种情况：

(1) 当 $\lambda = 0$ 时，方程 (2.1.10a) 的通解为 $X(x) = A + Bx$，其中 A 和 B 为任意常数。考虑到边界条件 (2.1.10b)，可得 $A = 0$ 和 $B = 0$，得到无意义的平庸解 $w(t,x) \equiv 0$。

(2) 当 $\lambda < 0$ 时，方程 (2.1.10a) 的通解为 $X(x) = A\cosh(kx) + B\sinh(kx)$，其中 $k = \sqrt{-\lambda}$。同样由边界条件 (2.1.10b)，可得 $A = 0$ 和 $B = 0$，也只能得到无意义的平庸解 $w(t,x) \equiv 0$。

(3) 当 $\lambda > 0$ 时，方程 (2.1.10a) 的通解为

$$X(x) = A\cos(kx) + B\sin(kx) \tag{2.1.11}$$

式中，$k = \sqrt{\lambda}$。由边界条件 $X'(0) = 0$，可得 $B=0$，于是

$$X(x) = A\cos(kx) \tag{2.1.12}$$

由另一边界条件 $X(l) = 0$，可得 $A\cos(kl) = 0$。但是 $A \neq 0$（否则 $w(t,x) \equiv 0$），所以

$$\cos(kx) = 0 \tag{2.1.13}$$

故

$$k = k_n = \frac{(2n+1)\pi}{2l}, \qquad n=0,1,2,3,\cdots \tag{2.1.14}$$

此处 n 不取负值是因为 $k = \sqrt{\lambda} > 0$。则可得本征值为

$$\lambda = \lambda_n = \left[\frac{(2n+1)\pi}{2l}\right]^2, \qquad n=0,1,2,3,\cdots \tag{2.1.15}$$

对应的本征函数为

$$X(x) = X_n(x) = A_n \cos\left[\frac{(2n+1)\pi}{2l}x\right], \qquad n=0,1,2,3,\cdots \tag{2.1.16}$$

代入式 (2.1.7b)，可以得到

$$T'(t) + \frac{(2n+1)^2\pi^2}{4l^2}DT(t) = 0 \tag{2.1.17}$$

其通解为

$$T_n(t) = c_n \mathrm{e}^{-\frac{(2n+1)^2 \pi^2}{4l^2}Dt}, \qquad n=0,1,2,3,\cdots \tag{2.1.18}$$

于是由式(2.1.16)和式(2.1.18)得到满足泛定方程(2.1.3a)和边界条件(2.1.3c)的本征解

$$w_n(t,x) = C_n \mathrm{e}^{-\frac{(2n+1)^2 \pi^2}{4l^2}Dt} \cos\left[\frac{(2n+1)\pi}{2l}x\right], \qquad n=0,1,2,3,\cdots \tag{2.1.19}$$

式中，$C_n = c_n A_n$ 为任意常数。泛定方程(2.1.3a)是线性齐次的，故由叠加原理得到一般解

$$w(t,x) = \sum_{n=0}^{\infty} C_n \mathrm{e}^{-\frac{(2n+1)^2 \pi^2}{4l^2}Dt} \cos\left[\frac{(2n+1)\pi}{2l}x\right] \tag{2.1.20}$$

利用初始边界条件(2.1.3b)确定系数 C_n

$$q_0 - q_\mathrm{e} = \sum_{n=0}^{\infty} C_n \cos\left[\frac{(2n+1)\pi}{2l}x\right] \tag{2.1.21}$$

显然，C_n 是半傅里叶级数的展开系数

$$C_n = \frac{2}{l} \int_0^l (q_0 - q_\mathrm{e}) \cos\left[\frac{(2n+1)\pi}{2l}x\right] \mathrm{d}x \tag{2.1.22}$$

即

$$C_n = (q_0 - q_\mathrm{e}) \frac{4}{\pi} \frac{(-1)^n}{2n+1} \tag{2.1.23}$$

将式(2.1.23)代入式(2.1.20)，可得到 $w(t,x)$ 的表达式

$$w(t,x) = \frac{4(q_0 - q_\mathrm{e})}{\pi} \sum_{n=0}^{\infty} \frac{(-1)^n}{2n+1} \mathrm{e}^{-\frac{(2n+1)^2 \pi^2}{4l^2}Dt} \cos\left[\frac{(2n+1)\pi}{2l}x\right] \tag{2.1.24}$$

根据变换式(2.1.2)，可得到 $q(t,x)$ 的表达式

$$q(t,x) = q_\mathrm{e} + \frac{4(q_0 - q_\mathrm{e})}{\pi} \sum_{n=0}^{\infty} \frac{(-1)^n}{2n+1} \mathrm{e}^{-\frac{(2n+1)^2 \pi^2}{4l^2}Dt} \cos\left[\frac{(2n+1)\pi}{2l}x\right] \tag{2.1.25}$$

式(2.1.25)也可以写为

$$\frac{q(t,x) - q_0}{q_\mathrm{e} - q_0} = 1 - \frac{4}{\pi} \sum_{n=0}^{\infty} \frac{(-1)^n}{2n+1} \mathrm{e}^{-\frac{(2n+1)^2 \pi^2}{4l^2}Dt} \cos\left[\frac{(2n+1)\pi}{2l}x\right] \tag{2.1.26}$$

式(2.1.25)或式(2.1.26)即偏微分方程定解问题(2.1.1)的解。

令函数 $M(t)$ 表示晶体内 t 时刻的总的物质的量与初始时刻总的物质的量之差，即在该时间段内(从初始时刻至 t 时刻)进入或离开晶体的总的物质的量。易知 $M(\infty)$ 表示在达到吸脱附平衡时(时间为无穷大)总共进入或离开平板型晶体的物质的量。当 $M(t) < 0$ 时，表示传质过程为脱附过程；$M(t) > 0$ 则表示吸附过程。容易得到 $M(t)$ 与 $M(\infty)$ 的关系式

$$\frac{M(t)}{M(\infty)} = \frac{\int_0^l [q(t,x) - q_0] \mathrm{d}x}{\int_0^l (q_e - q_0) \mathrm{d}x} \tag{2.1.27}$$

利用式(2.1.25)或式(2.1.26)，式(2.1.27)可变为

$$\frac{M(t)}{M(\infty)} = 1 - \frac{8}{\pi^2} \sum_{n=0}^{\infty} \frac{1}{(2n+1)^2} e^{-\frac{(2n+1)^2 \pi^2}{4l^2} Dt} \tag{2.1.28}$$

式(2.1.28)为晶体的相对吸附量或相对脱附量。在吸附速率法中，可以利用式(2.1.28)拟合实验测得的吸附曲线，从而得到扩散系数。

2.1.2　双阻力传质模型

在本小节将推导平板型晶体的双阻力传质模型的解析解，以及晶体的相对吸附量(脱附量)表达式。

双阻力传质模型同时包含了晶体的表面传质阻力和晶内扩散阻力，其传质参数包含表面传质系数和晶内扩散系数。平板型晶体吸附组分的传质方程为

$$\frac{\partial q}{\partial t} = D \frac{\partial^2 q}{\partial x^2} \tag{2.1.29a}$$

$$q\big|_{t=0} = q_0 \tag{2.1.29b}$$

$$\frac{\partial q}{\partial x}\bigg|_{x=0} = 0 , \quad -D \frac{\partial q}{\partial x}\bigg|_{x=l} = \alpha \left(q\big|_{x=l} - q_e \right) \tag{2.1.29c}$$

式中，α 为晶体的表面传质系数[亦称为表面渗透率(surface permeability)]，m/s，它反映了晶体表界面两侧的两相浓度趋向平衡的能力。表面传质系数越大，晶体表面两侧两相浓度趋向平衡的能力就越强；q_e 为与晶体外部达到平衡时的晶内吸附组分的浓度，$\mathrm{kmol/m^3}$。其他符号的意义参考 2.1.1 小节。该边界条件同样也表明浓度曲线 $q(t,x)$ 是关于 x 的偶函数，且晶体外的浓度在吸附过程中保持不变。

方程(2.1.29)为非齐次边界条件问题，通过变换

$$q(t,x) = w(t,x) + q_e \tag{2.1.30}$$

可以将方程转化为齐次边界条件问题

$$\frac{\partial w}{\partial t} = D\frac{\partial^2 w}{\partial x^2} \tag{2.1.31a}$$

$$w\big|_{t=0} = q_0 - q_e \tag{2.1.31b}$$

$$\frac{\partial w}{\partial x}\bigg|_{x=0} = 0 , \quad -D\frac{\partial w}{\partial x}\bigg|_{x=l} = \alpha\, w\big|_{x=l} \tag{2.1.31c}$$

类似于 2.1.1 小节，根据分离变量法，设方程(2.1.31a)有形式解

$$w(t,x) = T(t)X(x) \tag{2.1.32}$$

则可得

$$X''(x) + \lambda X(x) = 0 \tag{2.1.33a}$$

$$T'(t) + \lambda DT(t) = 0 \tag{2.1.33b}$$

式中，λ 为常数。同样，结合边界条件(2.1.31c)，可以得到空间函数 $X(x)$ 的常微分方程

$$X''(x) + \lambda X(x) = 0 \tag{2.1.34a}$$

$$X'(0) = 0 , \quad -DX'(l) = \alpha X(l) \tag{2.1.34b}$$

边值问题(2.1.34)是一个本征值问题。本征值 λ 也有三种情况。但当 $\lambda=0$ 和 $\lambda<0$ 时，边值问题只有无意义的平庸解 $X(x)\equiv 0$。当 $\lambda>0$ 时，方程(2.1.34a)的通解为

$$X(x) = A\cos(kx) + B\sin(kx) \tag{2.1.35}$$

式中，$k=\sqrt{\lambda}$。由边界条件 $X'(0)=0$，可得 $B=0$，于是

$$X(x) = A\cos(kx) \tag{2.1.36}$$

结合另一边界条件 $-DX'(l)=\alpha X(l)$，得到

$$kD\sin(kl) = \alpha\cos(kl) \tag{2.1.37}$$

令 $\beta=kl$（即 $k=\beta/l$，且 $\beta>0$），则可得

$$\beta\tan\beta = \frac{\alpha l}{D} \tag{2.1.38}$$

记超越方程(2.1.38)的大于零的解为 $\beta_n\,(n=1,2,3,\cdots)$，则有

$$k = k_n = \frac{\beta_n}{l} , \qquad n=1,2,3,\cdots \tag{2.1.39}$$

可得本征值为

$$\lambda = \lambda_n = \left(\frac{\beta_n}{l}\right)^2, \qquad n=1,2,3,\cdots \tag{2.1.40}$$

对应的本征函数为

$$X(x) = X_n(x) = A_n \cos\left(\frac{\beta_n}{l}x\right), \qquad n=1,2,3,\cdots \tag{2.1.41}$$

回到式(2.1.33b)，时间方程可变为

$$T'(t) + \frac{\beta_n^2}{l^2}DT(t) = 0 \tag{2.1.42}$$

其通解为

$$T_n(t) = c_n \mathrm{e}^{-\frac{\beta_n^2 D}{l^2}t}, \qquad n=1,2,3,\cdots \tag{2.1.43}$$

于是由式(2.1.43)和式(2.1.41)得到满足泛定方程(2.1.31a)和边界条件(2.1.31c)的本征解

$$w_n(t,x) = C_n \mathrm{e}^{-\frac{\beta_n^2 D}{l^2}t} \cos\left(\frac{\beta_n}{l}x\right) \tag{2.1.44}$$

式中，$C_n = c_n A_n$ 是任意常数。泛定方程(2.1.31a)是线性齐次的，故由叠加原理得到一般解

$$w(t,x) = \sum_{n=1}^{\infty} C_n \mathrm{e}^{-\frac{\beta_n^2 D}{l^2}t} \cos\left(\frac{\beta_n}{l}x\right) \tag{2.1.45}$$

利用初始边界条件(2.1.31b)确定系数 C_n

$$q_0 - q_\mathrm{e} = \sum_{n=1}^{\infty} C_n \cos\left(\frac{\beta_n}{l}x\right) \tag{2.1.46}$$

根据施图姆-刘维尔理论(Sturm-Liouville theorem)，易知常微分边值问题(2.1.34)的本征函数相互正交。利用

$$\int_0^l \cos\left(\frac{\beta_n}{l}x\right)\cos\left(\frac{\beta_m}{l}x\right)\mathrm{d}x = \frac{l}{2}\left[1 + \frac{\sin(2\beta_n)}{2\beta_n}\right]\delta_{nm} \tag{2.1.47}$$

式中，δ_{nm} 为克罗内克 δ 函数(当 $n=m$ 时，$\delta_{nm}=1$；当 $n \neq m$ 时，$\delta_{nm}=0$)，则可得

$$C_n = \frac{2}{l\left[1 + \dfrac{\sin(2\beta_n)}{2\beta_n}\right]}\int_0^l (q_0 - q_\mathrm{e})\cos\left(\frac{\beta_n}{l}x\right)\mathrm{d}x \tag{2.1.48}$$

即

$$C_n = \frac{4(q_0 - q_\mathrm{e})\sin\beta_n}{2\beta_n + \sin(2\beta_n)} \tag{2.1.49}$$

根据三角函数关系，式 (2.1.49) 可以写为

$$C_n = \frac{2(q_0 - q_\mathrm{e})\sin(2\beta_n)}{[2\beta_n + \sin(2\beta_n)]\cos\beta_n} \tag{2.1.50}$$

或

$$C_n = \frac{2(q_0 - q_\mathrm{e})}{\left(2\beta_n \dfrac{1 + \tan^2\beta_n}{2\tan\beta_n} + 1\right)\cos\beta_n} \tag{2.1.51}$$

利用式 (2.1.38)，并令

$$L = \frac{\alpha l}{D} \tag{2.1.52}$$

则有

$$\beta_n \tan\beta_n = L, \qquad \beta_n > 0, \, n=1,2,3,\cdots \tag{2.1.53}$$

将式 (2.1.53) 代入式 (2.1.51)，可得

$$C_n = \frac{2L(q_0 - q_\mathrm{e})}{\left(\beta_n^2 + L^2 + L\right)\cos\beta_n} \tag{2.1.54}$$

由式 (2.1.54)，可得到 $w(t,x)$ 的表达式

$$w(t,x) = (q_0 - q_\mathrm{e})\sum_{n=1}^{\infty} \frac{2L}{\left(\beta_n^2 + L^2 + L\right)\cos\beta_n} \mathrm{e}^{-\frac{\beta_n^2 D}{l^2}t}\cos\left(\frac{\beta_n}{l}x\right) \tag{2.1.55}$$

根据变换式 (2.1.30)，可得到 $q(t,x)$ 的表达式

$$q(t,x) = q_\mathrm{e} + (q_0 - q_\mathrm{e})\sum_{n=1}^{\infty} \frac{2L}{\left(\beta_n^2 + L^2 + L\right)\cos\beta_n} \mathrm{e}^{-\frac{\beta_n^2 D}{l^2}t}\cos\left(\frac{\beta_n}{l}x\right) \tag{2.1.56}$$

或者

$$\frac{q(t,x) - q_0}{q_\mathrm{e} - q_0} = 1 - \sum_{n=1}^{\infty} \frac{2L}{\left(\beta_n^2 + L^2 + L\right)\cos\beta_n} \mathrm{e}^{-\frac{\beta_n^2 D}{l^2}t}\cos\left(\frac{\beta_n}{l}x\right) \tag{2.1.57}$$

式 (2.1.56) 或式 (2.1.57) 即偏微分方程定解问题 (2.1.29) 的解。其中参数 L 和 β_n 的定义见式 (2.1.52) 和式 (2.1.53)。

类似 2.1.1 小节,令函数 $M(t)$ 表示从初始至 t 时刻进入或离开平板型晶体的总的物质的量。容易得到 $M(t)$ 与 $M(\infty)$ 的关系式

$$\frac{M(t)}{M(\infty)} = \frac{\int_0^l [q(t,x) - q_0] \mathrm{d}x}{\int_0^l (q_\mathrm{e} - q_0) \mathrm{d}x} \tag{2.1.58}$$

利用式 (2.1.56) 或式 (2.1.57),式 (2.1.58) 可变为

$$\frac{M(t)}{M(\infty)} = 1 - \sum_{n=1}^{\infty} \frac{2L^2}{\beta_n^2(\beta_n^2 + L^2 + L)} \mathrm{e}^{-\frac{\beta_n^2 D}{l^2}t} \tag{2.1.59}$$

式中,参数 L 和 β_n 的定义见式 (2.1.52) 和式 (2.1.53)。在吸附速率法中,可以利用式 (2.1.59) 来拟合传质系数。

2.2 球型颗粒传质模型

在本节中,假设传质过程是球对称的,且晶内扩散系数 D 是常数,此时球型晶体的传质问题也可以化为一维空间上的偏微分方程定解问题。在球坐标系中,考虑到球对称性,拉普拉斯算子可写为

$$\nabla^2 = \frac{1}{r^2} \frac{\partial}{\partial r}\left(r^2 \frac{\partial}{\partial r} \right) \tag{2.2.1}$$

则球型颗粒传质的控制方程为

$$\frac{\partial q}{\partial t} = D \frac{1}{r^2} \frac{\partial}{\partial r}\left(r^2 \frac{\partial q}{\partial r} \right) \tag{2.2.2}$$

2.2.1 单阻力传质模型

本小节将推导球型晶体的单阻力传质模型的解析解,以及晶体的相对吸附量(脱附量)表达式。

单阻力传质模型只考虑晶内扩散阻力,传质方程为

$$\frac{\partial q}{\partial t} = D \frac{1}{r^2} \frac{\partial}{\partial r}\left(r^2 \frac{\partial q}{\partial r} \right) \tag{2.2.3a}$$

$$q\big|_{t=0} = q_0 \tag{2.2.3b}$$

$$q|_{r=0} = \text{有限值}, \quad q|_{r=a} = q_e \tag{2.2.3c}$$

式中，a 为球型颗粒的半径，m；r 为球的径向坐标，m。其他符号的意义参考 2.1.1 小节。模型假设晶体外的浓度在吸附过程中保持不变。

引入新的变量 $u(t,r)$，满足变换

$$u(t,r) = rq(t,r) \tag{2.2.4}$$

则方程 (2.2.3) 可以转变为

$$\frac{\partial u}{\partial t} = D \frac{\partial^2 u}{\partial r^2} \tag{2.2.5a}$$

$$u|_{t=0} = rq_0 \tag{2.2.5b}$$

$$u|_{r=0} = 0, \quad u|_{r=a} = aq_e \tag{2.2.5c}$$

除初值条件外，方程 (2.2.5) 与方程 (2.1.1) 类似。作者采用类似的方法处理。通过变换

$$u(t,r) = w(t,r) + rq_e \tag{2.2.6}$$

可以将方程转化为齐次边界条件问题

$$\frac{\partial w}{\partial t} = D \frac{\partial^2 w}{\partial r^2} \tag{2.2.7a}$$

$$w|_{t=0} = r(q_0 - q_e) \tag{2.2.7b}$$

$$w|_{r=0} = 0, \quad w|_{r=a} = 0 \tag{2.2.7c}$$

设方程 (2.2.7a) 有形式解

$$w(t,r) = T(t)R(r) \tag{2.2.8}$$

类似于 2.1.1 小节，可得到

$$R''(r) + \lambda R(r) = 0 \tag{2.2.9a}$$

$$T'(t) + \lambda D T(t) = 0 \tag{2.2.9b}$$

式中，λ 为常数。进一步，可得到空间函数 $R(r)$ 的常微分方程

$$R''(r) + \lambda R(r) = 0 \tag{2.2.10a}$$

$$R(0) = 0, \quad R(a) = 0 \tag{2.2.10b}$$

边值问题 (2.2.10) 是一个本征值问题。本征值 λ 有三种情况。当 $\lambda = 0$ 和 $\lambda < 0$ 时，只

能得到无意义的平庸解 $w(t,r) \equiv 0$［即 $R(r) \equiv 0$］。当 $\lambda > 0$ 时，方程 (2.2.10a) 的通解为

$$R(r) = A\cos(kr) + B\sin(kr) \tag{2.2.11}$$

式中，$k = \sqrt{\lambda}$。由边界条件 $R(0) = 0$，可得 $A = 0$，于是

$$R(r) = B\sin(kr) \tag{2.2.12}$$

由另一边界条件 $R(a) = 0$，知 $B\sin(ka) = 0$。但是 $B \neq 0$［否则 $w(t,r) \equiv 0$］，所以

$$\sin(ka) \equiv 0 \tag{2.2.13}$$

故

$$k = k_n = \frac{n\pi}{a}, \qquad n=1,2,3,\cdots \tag{2.2.14}$$

此处 n 只取正值是因为 $k = \sqrt{\lambda} > 0$，则可得本征值为

$$\lambda = \lambda_n = \left(\frac{n\pi}{a}\right)^2, \qquad n=1,2,3,\cdots \tag{2.2.15}$$

对应的本征函数为

$$R(r) = R_n(r) = B_n \sin\left(\frac{n\pi}{a}r\right) \tag{2.2.16}$$

回到式 (2.2.9b)，它变为

$$T'(t) + \frac{n^2\pi^2}{a^2}DT(t) = 0 \tag{2.2.17}$$

其通解为

$$T_n(t) = c_n \mathrm{e}^{-\frac{n^2\pi^2}{a^2}Dt}, \qquad n=1,2,3,\cdots \tag{2.2.18}$$

于是由式 (2.2.16) 和式 (2.2.18) 得到满足泛定方程 (2.2.7a) 和边界条件 (2.2.7c) 的本征解

$$w_n(t,r) = C_n \mathrm{e}^{-\frac{n^2\pi^2}{a^2}Dt} \sin\left(\frac{n\pi}{a}r\right), \qquad n=1,2,3,\cdots \tag{2.2.19}$$

式中，$C_n = c_n B_n$ 为任意常数。泛定方程 (2.2.7a) 是线性齐次的，故由叠加原理得到一般解

$$w(t,r) = \sum_{n=1}^{\infty} C_n \mathrm{e}^{-\frac{n^2\pi^2}{a^2}Dt} \sin\left(\frac{n\pi}{a}r\right) \tag{2.2.20}$$

利用初始边界条件 (2.2.7b) 确定系数 C_n

$$r(q_0 - q_e) = \sum_{n=1}^{\infty} C_n \sin\left(\frac{n\pi}{a}r\right) \tag{2.2.21}$$

可以得出，C_n 是半傅里叶级数的展开系数

$$C_n = \frac{2}{a}\int_0^a r(q_0 - q_e)\sin\left(\frac{n\pi}{a}r\right)\mathrm{d}r \tag{2.2.22}$$

即

$$C_n = -\frac{2a(q_0 - q_e)(-1)^n}{\pi n} \tag{2.2.23}$$

将式 (2.2.23) 代入式 (2.2.20)，可得到 $w(t,r)$ 的表达式

$$w(t,r) = -\frac{2a(q_0 - q_e)}{\pi}\sum_{n=1}^{\infty}\frac{(-1)^n}{n}\mathrm{e}^{-\frac{n^2\pi^2}{a^2}Dt}\sin\left(\frac{n\pi}{a}r\right) \tag{2.2.24}$$

根据变换式 (2.2.6)，可得到 $u(t,r)$ 的表达式

$$u(t,r) = rq_e - \frac{2a(q_0 - q_e)}{\pi}\sum_{n=1}^{\infty}\frac{(-1)^n}{n}\mathrm{e}^{-\frac{n^2\pi^2}{a^2}Dt}\sin\left(\frac{n\pi}{a}r\right) \tag{2.2.25}$$

由式 (2.2.4)，可得

$$q(t,r) = q_e - \frac{2a(q_0 - q_e)}{\pi r}\sum_{n=1}^{\infty}\frac{(-1)^n}{n}\mathrm{e}^{-\frac{n^2\pi^2}{a^2}Dt}\sin\left(\frac{n\pi}{a}r\right) \tag{2.2.26}$$

或者

$$\frac{q(t,r) - q_0}{q_e - q_0} = 1 + \frac{2a}{\pi r}\sum_{n=1}^{\infty}\frac{(-1)^n}{n}\mathrm{e}^{-\frac{n^2\pi^2}{a^2}Dt}\sin\left(\frac{n\pi}{a}r\right) \tag{2.2.27}$$

式 (2.2.26) 或式 (2.2.27) 即偏微分方程定解问题 (2.2.3) 的解。

令函数 $M(t)$ 表示从初始至 t 时刻进入或离开球型晶体的物质的量。容易得到 $M(t)$ 与 $M(\infty)$ 的关系式

$$\frac{M(t)}{M(\infty)} = \frac{\int_0^a [q(t,r) - q_0]4\pi r^2 \mathrm{d}r}{\int_0^a (q_e - q_0)4\pi r^2 \mathrm{d}r} \tag{2.2.28}$$

利用式 (2.2.27)，式 (2.2.28) 可变为

$$\frac{M(t)}{M(\infty)} = 1 - \frac{6}{\pi^2} \sum_{n=1}^{\infty} \frac{1}{n^2} e^{-\frac{n^2\pi^2}{a^2}Dt} \tag{2.2.29}$$

在吸附速率法中，可以利用式(2.2.29)来拟合实验测得的球型晶体吸附曲线，从而得到晶内扩散系数。

2.2.2 双阻力传质模型

本小节将推导球型晶体的双阻力传质模型的解析解，以及晶体的相对吸附量(脱附量)表达式。

双阻力传质模型同时考虑了表面传质阻力和晶内扩散阻力，传质方程为

$$\frac{\partial q}{\partial t} = D \frac{1}{r^2} \frac{\partial}{\partial r} \left(r^2 \frac{\partial q}{\partial r} \right) \tag{2.2.30a}$$

$$q\big|_{t=0} = q_0 \tag{2.2.30b}$$

$$q\big|_{r=0} = 有限值, \quad -D \frac{\partial q}{\partial r}\bigg|_{r=a} = \alpha \left(q\big|_{r=a} - q_e \right) \tag{2.2.30c}$$

式中，a 为球型颗粒的半径，m；r 为球的径向坐标，m；α 为表面传质系数，m/s。其他符号的意义参考 2.1.2 小节。模型假设晶体外的浓度在吸附过程中保持不变。

引入新的变量 $u(t,r)$，满足变换

$$u(t,r) = q(t,r) - q_e \tag{2.2.31}$$

则方程(2.2.30)可以转变为

$$\frac{\partial u}{\partial t} = D \frac{1}{r^2} \frac{\partial}{\partial r} \left(r^2 \frac{\partial u}{\partial r} \right) \tag{2.2.32a}$$

$$u\big|_{t=0} = q_0 - q_e \tag{2.2.32b}$$

$$u\big|_{r=0} = 有限值, \quad -D \frac{\partial u}{\partial r}\bigg|_{r=a} = \alpha \, u\big|_{r=a} \tag{2.2.32c}$$

通过变换

$$w(t,r) = ru(t,r) \tag{2.2.33}$$

可以将方程转化为齐次边界条件问题

$$\frac{\partial w}{\partial t} = D \frac{\partial^2 w}{\partial r^2} \tag{2.2.34a}$$

$$w\big|_{t=0} = r \left(q_0 - q_e \right) \tag{2.2.34b}$$

$$w\big|_{r=0} = 0 \ , \quad -\frac{\partial w}{\partial r}\bigg|_{r=a} = \frac{L-1}{a} w\big|_{r=a} \tag{2.2.34c}$$

式中，参数 L 定义为

$$L = \frac{a\alpha}{D} \tag{2.2.35}$$

设方程 (2.2.34a) 有形式解

$$w(t,r) = T(t)R(r) \tag{2.2.36}$$

类似于 2.1.1 小节，可得到

$$R''(r) + \lambda R(r) = 0 \tag{2.2.37a}$$

$$T'(t) + \lambda D T(t) = 0 \tag{2.2.37b}$$

式中，λ 为一常数。进一步，可得到空间函数 $R(r)$ 的常微分方程

$$R''(r) + \lambda R(r) = 0 \tag{2.2.38a}$$

$$R(0) = 0 \ , \quad -\frac{\partial R}{\partial r}\bigg|_{r=a} = \frac{L-1}{a} R\big|_{r=a} \tag{2.2.38b}$$

边值问题 (2.3.38) 是一个本征值问题。本征值 λ 有三种情况。当 $\lambda = 0$ 和 $\lambda < 0$ 时，只能得到无意义的平庸解 $w(t,r) \equiv 0$ [由 $L > 0$ 只能得到 $R(r) \equiv 0$]。当 $\lambda > 0$ 时，方程 (2.2.38a) 的通解为

$$R(r) = A\cos(kr) + B\sin(kr) \tag{2.2.39}$$

式中，$k = \sqrt{\lambda}$。由边界条件 $R(0) = 0$，可得 $A = 0$，于是

$$R(r) = B\sin(kr) \tag{2.2.40}$$

由另一边界条件，可得

$$-kB\cos(ka) = \frac{L-1}{a} B\sin(ka) \tag{2.2.41}$$

但是 $B \neq 0$ [否则 $w(t,x) \equiv 0$]，所以

$$ka\cot(ka) + L - 1 = 0 \tag{2.2.42}$$

令 $\beta = ka$（即 $k = \beta/a$，且 $\beta > 0$），则可得

$$\beta\cot\beta + L - 1 = 0 \tag{2.2.43}$$

记超越方程 (2.2.43) 的大于零的解为 β_n（$n=1,2,3,\cdots$），则有

$$k = k_n = \frac{\beta_n}{a}, \qquad n=1,2,3,\cdots \tag{2.2.44}$$

可得本征值为

$$\lambda = \lambda_n = \left(\frac{\beta_n}{a}\right)^2, \qquad n=1,2,3,\cdots \tag{2.2.45}$$

对应的本征函数为

$$R(r) = R_n(r) = B_n \sin\left(\frac{\beta_n}{a}r\right) \tag{2.2.46}$$

回到式(2.2.37b)，它变为

$$T'(t) + \frac{\beta_n^2}{a^2}DT(t) = 0 \tag{2.2.47}$$

其通解为

$$T_n(t) = c_n \mathrm{e}^{-\frac{\beta_n^2}{a^2}Dt}, \qquad n=1,2,3,\cdots \tag{2.2.48}$$

于是由式(2.2.46)和式(2.2.48)得到满足泛定方程(2.2.34a)和边界条件(2.2.34c)的本征解

$$w_n(t,r) = C_n \mathrm{e}^{-\frac{\beta_n^2}{a^2}Dt} \sin\left(\frac{\beta_n}{a}r\right) \tag{2.2.49}$$

式中，$C_n = c_n B_n$ 是任意常数。泛定方程(2.2.34a)是线性齐次的，故由叠加原理得到一般解

$$w(t,r) = \sum_{n=1}^{\infty} C_n \mathrm{e}^{-\frac{\beta_n^2}{a^2}Dt} \sin\left(\frac{\beta_n}{a}r\right) \tag{2.2.50}$$

利用初始边界条件(2.2.34b)确定系数 C_n

$$r(q_0 - q_\mathrm{e}) = \sum_{n=1}^{\infty} C_n \sin\left(\frac{\beta_n}{a}r\right) \tag{2.2.51}$$

利用

$$\int_0^a \sin\left(\frac{\beta_n}{a}r\right)\sin\left(\frac{\beta_m}{a}r\right)\mathrm{d}r = \frac{a}{2}\left[1 - \frac{\sin(2\beta_n)}{2\beta_n}\right]\delta_{nm} \tag{2.2.52}$$

得到

$$C_n = \frac{2}{a\left[1 - \dfrac{\sin(2\beta_n)}{2\beta_n}\right]} \int_0^a r(q_0 - q_e)\sin\left(\frac{\beta_n}{a}r\right)\mathrm{d}r \tag{2.2.53}$$

即

$$C_n = \frac{4a(q_0 - q_e)(\sin\beta_n - \beta_n\cos\beta_n)}{\beta_n\left[2\beta_n - \sin(2\beta_n)\right]} \tag{2.2.54}$$

利用式 (2.2.43)，即

$$\beta_n\cot(\beta_n) + L - 1 = 0, \qquad \beta_n > 0, \ n=1,2,3,\cdots \tag{2.2.55}$$

可得到

$$C_n = \frac{2a(q_0 - q_e)L}{\left[\beta_n^2 + L(L-1)\right]\sin\beta_n} \tag{2.2.56}$$

将式 (2.2.56) 代入式 (2.2.50)，可得到 $w(t,r)$ 的表达式

$$w(t,r) = 2a(q_0 - q_e)L\sum_{n=1}^{\infty}\frac{1}{\left[\beta_n^2 + L(L-1)\right]\sin\beta_n}\mathrm{e}^{-\frac{\beta_n^2}{a^2}Dt}\sin\left(\frac{\beta_n}{a}r\right) \tag{2.2.57}$$

根据变换式 (2.2.33)，可得到 $u(t,r)$ 的表达式

$$u(t,r) = \frac{2a(q_0 - q_e)L}{r}\sum_{n=1}^{\infty}\frac{1}{\left[\beta_n^2 + L(L-1)\right]\sin\beta_n}\mathrm{e}^{-\frac{\beta_n^2}{a^2}Dt}\sin\left(\frac{\beta_n}{a}r\right) \tag{2.2.58}$$

由式 (2.2.31)，可得

$$q(t,r) = q_e + \frac{2a(q_0 - q_e)L}{r}\sum_{n=1}^{\infty}\frac{1}{\left[\beta_n^2 + L(L-1)\right]\sin\beta_n}\mathrm{e}^{-\frac{\beta_n^2}{a^2}Dt}\sin\left(\frac{\beta_n}{a}r\right) \tag{2.2.59}$$

或者

$$\frac{q(t,r) - q_0}{q_e - q_0} = 1 - \frac{2aL}{r}\sum_{n=1}^{\infty}\frac{1}{\left[\beta_n^2 + L(L-1)\right]\sin\beta_n}\mathrm{e}^{-\frac{\beta_n^2}{a^2}Dt}\sin\left(\frac{\beta_n}{a}r\right) \tag{2.2.60}$$

或者

$$\frac{q(t,r) - q_e}{q_0 - q_e} = \frac{2aL}{r}\sum_{n=1}^{\infty}\frac{1}{\left[\beta_n^2 + L(L-1)\right]\sin\beta_n}\mathrm{e}^{-\frac{\beta_n^2}{a^2}Dt}\sin\left(\frac{\beta_n}{a}r\right) \tag{2.2.61}$$

式 (2.2.59) 或式 (2.2.60) 或式 (2.2.61) 即偏微分方程定解问题 (2.2.30) 的解。其中参数 L 和 β_n 的定义见式 (2.2.35) 和式 (2.2.55)。

令函数 $M(t)$ 表示从初始至 t 时刻进入或离开球型晶体的物质的量。容易得到 $M(t)$ 与 $M(\infty)$ 的关系式

$$\frac{M(t)}{M(\infty)} = \frac{\int_0^a \left[q(t,r) - q_0 \right] 4\pi r^2 \mathrm{d}r}{\int_0^a \left(q_\mathrm{e} - q_0 \right) 4\pi r^2 \mathrm{d}r} \tag{2.2.62}$$

利用式 (2.2.60)，式 (2.2.62) 可变为

$$\frac{M(t)}{M(\infty)} = 1 - \sum_{n=1}^{\infty} \frac{6L^2}{\beta_n^2 \left[\beta_n^2 + L(L-1) \right]} \mathrm{e}^{-\frac{\beta_n^2}{a^2} Dt} \tag{2.2.63}$$

在吸附速率法中，可以利用式 (2.2.63) 来拟合球型晶体的传质系数。

2.3 长方体型颗粒传质模型

长方体型晶体的传质问题可以转化为空间维度为三维的偏微分方程定解问题。在以下的推导中，假设长方体型晶体的长、宽和高分别为 $2a$、$2b$ 和 $2c$，并将三维空间坐标系的原点设置在晶体中心。本节的求解方法总体上与前面两节类似。主要区别在于，本节的求解方法基于本征函数法，即依赖直接构造的本征函数集。

2.3.1 单阻力传质模型

在本小节将推导长方体型晶体的单阻力传质模型的解析解，以及晶体的相对吸附量 (脱附量) 表达式。

考虑晶内扩散各向异性的情况，其晶体吸附组分的传质方程为

$$\frac{\partial q}{\partial t} = D_x \frac{\partial^2 q}{\partial x^2} + D_y \frac{\partial^2 q}{\partial y^2} + D_z \frac{\partial^2 q}{\partial z^2} \tag{2.3.1a}$$

$$q(0, x, y, z) = q_0 \tag{2.3.1b}$$

$$\frac{\partial q(t, 0, y, z)}{\partial x} = 0 \ , \quad q(t, a, y, z) = q_\mathrm{e} \tag{2.3.1c}$$

$$\frac{\partial q(t, x, 0, z)}{\partial y} = 0 \ , \quad q(t, x, b, z) = q_\mathrm{e} \tag{2.3.1d}$$

$$\frac{\partial q(t, x, y, 0)}{\partial z} = 0 \ , \quad q(t, x, y, c) = q_\mathrm{e} \tag{2.3.1e}$$

式中，q 为吸附组分的浓度（是 t、x、y 和 z 的函数），kmol/m³；D_x、D_y 和 D_z 分别为 x、y 和 z 方向的晶内扩散系数，m²/s；t 为时间，s；x、y 和 z 为建立在晶体上的三维空间坐标（坐标原点位于晶体中心），m。式 (2.3.1b) 为初始条件，表示晶体内部组分的初始浓度为 q_0 (kmol/m³)。式 (2.3.1c)、式 (2.3.1d) 和式 (2.3.1e) 为边界条件，表示晶体中心的浓度梯度为 0、晶体边缘的浓度值固定为 q_e，kmol/m³。该边界条件隐含浓度曲线 $q(t,x,y,z)$ 是关于 x、y 和 z 的偶函数，且晶体外的浓度在吸附过程中保持不变。

方程 (2.3.1) 为非齐次边界条件问题，通过变换

$$q(t,x,y,z) = w(t,x,y,z) + q_e \tag{2.3.2}$$

可以将方程转化为齐次边界条件问题

$$\frac{\partial w}{\partial t} = D_x \frac{\partial^2 w}{\partial x^2} + D_y \frac{\partial^2 w}{\partial y^2} + D_z \frac{\partial^2 w}{\partial z^2} \tag{2.3.3a}$$

$$w(0,x,y,z) = q_0 - q_e \tag{2.3.3b}$$

$$\frac{\partial w(t,0,y,z)}{\partial x} = 0, \quad w(t,a,y,z) = 0 \tag{2.3.3c}$$

$$\frac{\partial w(t,x,0,z)}{\partial y} = 0, \quad w(t,x,b,z) = 0 \tag{2.3.3d}$$

$$\frac{\partial w(t,x,y,0)}{\partial z} = 0, \quad w(t,x,y,c) = 0 \tag{2.3.3e}$$

根据边界条件 (2.3.3c)，可构造本征值问题

$$X''(x) + \lambda_x X(x) = 0 \tag{2.3.4a}$$

$$X'(0) = 0, \quad X(a) = 0 \tag{2.3.4b}$$

其本征函数和本征值为

$$X_m(x) = \cos\left[\frac{(2m+1)\pi}{2a}x\right], \qquad m=0,1,2,\cdots \tag{2.3.5a}$$

$$\lambda_{x,m} = \left[\frac{(2m+1)\pi}{2a}\right]^2, \qquad m=0,1,2,\cdots \tag{2.3.5b}$$

类似地，根据边界条件 (2.3.3d) 和 (2.3.3e)，可得到相应的本征函数和本征值

$$Y_n(y) = \cos\left[\frac{(2n+1)\pi}{2b}y\right], \qquad n=0,1,2,\cdots \tag{2.3.6a}$$

$$\lambda_{y,n} = \left[\frac{(2n+1)\pi}{2b}\right]^2, \qquad n=0,1,2,\cdots \tag{2.3.6b}$$

以及

$$Z_k(z) = \cos\left[\frac{(2k+1)\pi}{2c}z\right], \qquad k=0,1,2,\cdots \tag{2.3.7a}$$

$$\lambda_{z,k} = \left[\frac{(2k+1)\pi}{2c}\right]^2, \qquad k=0,1,2,\cdots \tag{2.3.7b}$$

令

$$w_{m,n,k}(t,x,y,z) = T_{m,n,k}(t)X_m(x)Y_n(y)Z_k(z) \tag{2.3.8}$$

易知 $w_{m,n,k}(t,x,y,z)$ 满足边界条件 (2.3.3c) ~ (2.3.3e)。将 $w_{m,n,k}(t,x,y,z)$ 代入泛定方程 (2.3.3a)，得到

$$T'_{m,n,k}(t) = -\left(D_x\lambda_{x,m} + D_y\lambda_{y,n} + D_z\lambda_{z,k}\right)T_{m,n,k}(t) \tag{2.3.9}$$

即有

$$T_{m,n,k}(t) = C_{m,n,k}e^{-\left(D_x\lambda_{x,m} + D_y\lambda_{y,n} + D_z\lambda_{z,k}\right)t} \tag{2.3.10}$$

式中，$C_{m,n,k}$ 为常数。

至此可知，$w_{m,n,k}(t,x,y,z)$ 满足泛定方程 (2.3.3a) 和边界条件 (2.3.3c) ~ (2.3.3e)。由叠加原理，$w(t,x,y,z)$ 可表示为

$$w(t,x,y,z) = \sum_{m,n,k=0}^{\infty} C_{m,n,k}e^{-\left(D_x\lambda_{x,m} + D_y\lambda_{y,n} + D_z\lambda_{z,k}\right)t}X_m(x)Y_n(y)Z_k(z) \tag{2.3.11}$$

进一步根据初值条件 (2.3.3b)，有

$$q_0 - q_e = \sum_{m,n,k=0}^{\infty} C_{m,n,k}X_m(x)Y_n(y)Z_k(z) \tag{2.3.12}$$

可得

$$C_{m,n,k} = \frac{8(q_0 - q_e)}{abc}\int_0^c\int_0^b\int_0^a X_m(x)Y_n(y)Z_k(z)\mathrm{d}x\mathrm{d}y\mathrm{d}z \tag{2.3.13}$$

将式 (2.3.5a)、式 (2.3.6a) 和式 (2.3.7a) 代入式 (2.3.13)，计算得到

$$C_{m,n,k} = \frac{64(q_0 - q_e)(-1)^{m+n+k}}{\pi^3(2m+1)(2n+1)(2k+1)} \tag{2.3.14}$$

综上，可得到方程(2.3.3)的解为

$w(t,x,y,z) =$

$$\frac{64(q_0-q_e)}{\pi^3}\sum_{m,n,k=0}^{\infty}\frac{(-1)^{m+n+k}e^{-(D_x\lambda_{x,m}+D_y\lambda_{y,n}+D_z\lambda_{z,k})t}\cos\left[\frac{(2m+1)\pi}{2a}x\right]\cos\left[\frac{(2n+1)\pi}{2b}y\right]\cos\left[\frac{(2k+1)\pi}{2c}z\right]}{(2m+1)(2n+1)(2k+1)}$$

(2.3.15)

根据变换(2.3.2)，可得到方程(2.3.1)的解为

$q(t,x,y,z) = q_e$

$$+\frac{64(q_0-q_e)}{\pi^3}\sum_{m,n,k=0}^{\infty}\frac{(-1)^{m+n+k}e^{-(D_x\lambda_{x,m}+D_y\lambda_{y,n}+D_z\lambda_{z,k})t}\cos\left[\frac{(2m+1)\pi}{2a}x\right]\cos\left[\frac{(2n+1)\pi}{2b}y\right]\cos\left[\frac{(2k+1)\pi}{2c}z\right]}{(2m+1)(2n+1)(2k+1)}$$

(2.3.16)

或者

$$\frac{q(t,x,y,z)-q_0}{q_e-q_0} = 1$$

$$-\frac{64}{\pi^3}\sum_{m,n,k=0}^{\infty}\frac{(-1)^{m+n+k}e^{-(D_x\lambda_{x,m}+D_y\lambda_{y,n}+D_z\lambda_{z,k})t}\cos\left[\frac{(2m+1)\pi}{2a}x\right]\cos\left[\frac{(2n+1)\pi}{2b}y\right]\cos\left[\frac{(2k+1)\pi}{2c}z\right]}{(2m+1)(2n+1)(2k+1)}$$

(2.3.17)

以上诸式中的本征值($\lambda_{x,m}$、$\lambda_{y,n}$、$\lambda_{z,k}$)见式(2.3.5b)~式(2.3.7b)。

令函数 $M(t)$ 表示从初始至 t 时刻进入或离开长方体型晶体的物质的量，则易得 $M(t)$ 与 $M(\infty)$ 的关系式

$$\frac{M(t)}{M(\infty)} = \frac{\int_0^c\int_0^b\int_0^a[q(t,x,y,z)-q_0]\mathrm{d}x\mathrm{d}y\mathrm{d}z}{\int_0^c\int_0^b\int_0^a(q_e-q_0)\mathrm{d}x\mathrm{d}y\mathrm{d}z}$$

(2.3.18)

利用式(2.3.17)，式(2.3.18)可变为

$$\frac{M(t)}{M(\infty)} = 1-\frac{512}{\pi^6}\sum_{m,n,k=0}^{\infty}\frac{e^{-(D_x\lambda_{x,m}+D_y\lambda_{y,n}+D_z\lambda_{z,k})t}}{(2m+1)^2(2n+1)^2(2k+1)^2}$$

(2.3.19)

在吸附速率法中，可以利用式(2.3.19)来拟合实验测得长方体型晶体的吸附曲线，从而得到晶内扩散系数。

2.3.2　双阻力传质模型

在本小节将推导长方体型晶体的双阻力传质模型的解析解，以及晶体的相对吸附量表达式。

考虑表面传质和晶内扩散各向异性的情况，其晶体吸附组分的传质方程为

$$\frac{\partial q}{\partial t} = D_x \frac{\partial^2 q}{\partial x^2} + D_y \frac{\partial^2 q}{\partial y^2} + D_z \frac{\partial^2 q}{\partial z^2} \tag{2.3.20a}$$

$$q(0, x, y, z) = q_0 \tag{2.3.20b}$$

$$\frac{\partial q(t, 0, y, z)}{\partial x} = 0, \quad -D_x \frac{\partial q(t, a, y, z)}{\partial x} = \alpha_x \left[q(t, a, y, z) - q_e \right] \tag{2.3.20c}$$

$$\frac{\partial q(t, x, 0, z)}{\partial y} = 0, \quad -D_y \frac{\partial q(t, x, b, z)}{\partial y} = \alpha_y \left[q(t, x, b, z) - q_e \right] \tag{2.3.20d}$$

$$\frac{\partial q(t, x, y, 0)}{\partial z} = 0, \quad -D_z \frac{\partial q(t, x, y, c)}{\partial z} = \alpha_z \left[q(t, x, y, c) - q_e \right] \tag{2.3.20e}$$

式中，q 为吸附组分的浓度(是 t、x、y 和 z 的函数)，$kmol/m^3$；D_x、D_y 和 D_z 分别为 x、y 和 z 方向的晶内扩散系数，m^2/s；α_x、α_y 和 α_z 分别为 x、y 和 z 方向的表面传质系数，m/s；t 为时间，s；x、y 和 z 为建立在晶体上的三维空间坐标(坐标原点位于晶体中心)，m。式(2.3.20b)为初始条件，表示晶体内部组分的初始浓度为 q_0，$kmol/m^3$。式(2.3.20c)、式(2.3.20d)和式(2.3.20e)为边界条件，表示晶体中心的浓度梯度为 0。其中，q_e 为与晶体外气/液相浓度达到平衡时的晶内吸附组分的浓度，$kmol/m^3$。该边界条件隐含浓度曲线 $q(t, x, y, z)$ 是关于 x、y 和 z 的偶函数，且晶体外的浓度在吸附过程中保持不变。

方程(2.3.20)为非齐次边界条件问题，通过变换

$$q(t, x, y, z) = w(t, x, y, z) + q_e \tag{2.3.21}$$

可以将方程转化为齐次边界条件问题

$$\frac{\partial w}{\partial t} = D_x \frac{\partial^2 w}{\partial x^2} + D_y \frac{\partial^2 w}{\partial y^2} + D_z \frac{\partial^2 w}{\partial z^2} \tag{2.3.22a}$$

$$w(0, x, y, z) = q_0 - q_e \tag{2.3.22b}$$

$$\frac{\partial w(t, 0, y, z)}{\partial x} = 0, \quad -D_x \frac{\partial w(t, a, y, z)}{\partial x} = \alpha_x w(t, a, y, z) \tag{2.3.22c}$$

$$\frac{\partial w(t, x, 0, z)}{\partial y} = 0, \quad -D_y \frac{\partial w(t, x, b, z)}{\partial y} = \alpha_y w(t, x, b, z) \tag{2.3.22d}$$

$$\frac{\partial w(t, x, y, 0)}{\partial z} = 0, \quad -D_z \frac{\partial w(t, x, y, c)}{\partial z} = \alpha_z w(t, x, y, c) \tag{2.3.22e}$$

根据边界条件(2.3.22c)，可构造本征值问题

$$X''(x) + \lambda_x X(x) = 0 \tag{2.3.23a}$$

$$X'(0) = 0 , \quad -D_x X'(a) = \alpha_x X(a) \tag{2.3.23b}$$

其本征函数和本征值为

$$X_m(x) = \cos\left(\frac{\beta_{x,m}}{a} x\right), \qquad m=1,2,\cdots \tag{2.3.24a}$$

$$\lambda_{x,m} = \left(\frac{\beta_{x,m}}{a}\right)^2, \qquad m=1,2,\cdots \tag{2.3.24b}$$

式中，$\beta_{x,m}$ 为超越方程的解。

$$\beta_{x,m} \tan \beta_{x,m} = L_x, \qquad \beta_{x,m} > 0 , m=1,2,3,\cdots \tag{2.3.24c}$$

$$L_x = \frac{a\alpha_x}{D_x} \tag{2.3.24d}$$

类似地，根据边界条件 (2.3.22d) 和 (2.3.22e)，可得到相应的本征函数和本征值

$$Y_n(y) = \cos\left(\frac{\beta_{y,n}}{b} y\right), \qquad n=1,2,3,\cdots \tag{2.3.25a}$$

$$\lambda_{y,n} = \left(\frac{\beta_{y,n}}{b}\right)^2, \qquad n=1,2,3,\cdots \tag{2.3.25b}$$

$$\beta_{y,n} \tan \beta_{y,n} = L_y, \qquad \beta_{y,n} > 0 , n=1,2,3,\cdots \tag{2.3.25c}$$

$$L_y = \frac{b\alpha_y}{D_y} \tag{2.3.25d}$$

以及

$$Z_k(z) = \cos\left(\frac{\beta_{z,k}}{c} z\right), \qquad k=1,2,3,\cdots \tag{2.3.26a}$$

$$\lambda_{z,k} = \left(\frac{\beta_{z,k}}{c}\right)^2, \qquad k=1,2,3,\cdots \tag{2.3.26b}$$

$$\beta_{z,k} \tan \beta_{z,k} = L_z, \qquad \beta_{z,k} > 0 , k=1,2,3,\cdots \tag{2.3.26c}$$

$$L_z = \frac{c\alpha_z}{D_z} \tag{2.3.26d}$$

令

$$w_{m,n,k}(t,x,y,z) = T_{m,n,k}(t)X_m(x)Y_n(y)Z_k(z) \tag{2.3.27}$$

易知 $w_{m,n,k}(t,x,y,z)$ 满足边界条件 $(2.3.22c) \sim (2.3.22e)$。将 $w_{m,n,k}(t,x,y,z)$ 代入泛定方程 $(2.3.22a)$，得到

$$T'_{m,n,k}(t) = -\left(D_x\lambda_{x,m} + D_y\lambda_{y,n} + D_z\lambda_{z,k}\right)T_{m,n,k}(t) \tag{2.3.28}$$

即有

$$T_{m,n,k}(t) = C_{m,n,k}\mathrm{e}^{-\left(D_x\lambda_{x,m}+D_y\lambda_{y,n}+D_z\lambda_{z,k}\right)t} \tag{2.3.29}$$

式中，$C_{m,n,k}$ 为常数。

至此可知，$w_{m,n,k}(t,x,y,z)$ 满足泛定方程 $(2.3.22a)$ 和边界条件式 $(2.3.22c) \sim$ 式 $(2.3.22e)$。由叠加原理，$w(t,x,y,z)$ 可表示为

$$w(t,x,y,z) = \sum_{m,n,k=1}^{\infty} C_{m,n,k}\mathrm{e}^{-\left(D_x\lambda_{x,m}+D_y\lambda_{y,n}+D_z\lambda_{z,k}\right)t}X_m(x)Y_n(y)Z_k(z) \tag{2.3.30}$$

进一步根据初值条件式 $(2.3.22b)$，有

$$q_0 - q_{\mathrm{e}} = \sum_{m,n,k=1}^{\infty} C_{m,n,k}X_m(x)Y_n(y)Z_k(z) \tag{2.3.31}$$

类似 2.1.2 小节 [参考式 $(2.1.54)$]，可计算得到

$$C_{m,n,k} = \frac{8(q_0 - q_{\mathrm{e}})L_xL_yL_z}{\left(\beta_{x,m}^2 + L_x^2 + L_x\right)\cos\beta_{x,m}\left(\beta_{y,n}^2 + L_y^2 + L_y\right)\cos\beta_{y,n}\left(\beta_{z,k}^2 + L_z^2 + L_z\right)\cos\beta_{z,k}} \tag{2.3.32}$$

综上，可得到方程 $(2.3.22)$ 的解为

$$w(t,x,y,z) =$$

$$\sum_{m,n,k=1}^{\infty} \frac{8(q_0 - q_{\mathrm{e}})L_xL_yL_z\mathrm{e}^{-\left(\frac{\beta_{x,m}^2 D_x}{a^2}+\frac{\beta_{y,n}^2 D_y}{b^2}+\frac{\beta_{z,k}^2 D_z}{c^2}\right)t}\cos\left(\frac{\beta_{x,m}}{a}x\right)\cos\left(\frac{\beta_{y,n}}{b}y\right)\cos\left(\frac{\beta_{z,k}}{c}z\right)}{\left(\beta_{x,m}^2 + L_x^2 + L_x\right)\cos\beta_{x,m}\left(\beta_{y,n}^2 + L_y^2 + L_y\right)\cos\beta_{y,n}\left(\beta_{z,k}^2 + L_z^2 + L_z\right)\cos\beta_{z,k}} \tag{2.3.33}$$

根据变换 $(2.3.21)$，可得到方程 $(2.3.20)$ 的解为

$$q(t, x, y, z) = q_e$$

$$+ \sum_{m,n,k=1}^{\infty} \frac{8(q_0 - q_e) L_x L_y L_z e^{-\left(\frac{\beta_{x,m}^2 D_x}{a^2} + \frac{\beta_{y,n}^2 D_y}{b^2} + \frac{\beta_{z,k}^2 D_z}{c^2}\right)t} \cos\left(\frac{\beta_{x,m}}{a} x\right) \cos\left(\frac{\beta_{y,n}}{b} y\right) \cos\left(\frac{\beta_{z,k}}{c} z\right)}{\left(\beta_{x,m}^2 + L_x^2 + L_x\right) \cos\beta_{x,m} \left(\beta_{y,n}^2 + L_y^2 + L_y\right) \cos\beta_{y,n} \left(\beta_{z,k}^2 + L_z^2 + L_z\right) \cos\beta_{z,k}}$$

$$(2.3.34)$$

或者

$$\frac{q(t, x, y, z) - q_0}{q_e - q_0} = 1$$

$$- 8 L_x L_y L_z \sum_{m,n,k=1}^{\infty} \frac{e^{-\left(\frac{\beta_{x,m}^2 D_x}{a^2} + \frac{\beta_{y,n}^2 D_y}{b^2} + \frac{\beta_{z,k}^2 D_z}{c^2}\right)t} \cos\left(\frac{\beta_{x,m}}{a} x\right) \cos\left(\frac{\beta_{y,n}}{b} y\right) \cos\left(\frac{\beta_{z,k}}{c} z\right)}{\left(\beta_{x,m}^2 + L_x^2 + L_x\right)\left(\beta_{y,n}^2 + L_y^2 + L_y\right)\left(\beta_{z,k}^2 + L_z^2 + L_z\right) \cos\beta_{x,m} \cos\beta_{y,n} \cos\beta_{z,k}}$$

$$(2.3.35)$$

式(2.3.32)~式(2.3.35)中的参数 $\beta_{x,m}$、$\beta_{y,n}$、$\beta_{z,k}$、L_x、L_y、L_z 的定义见式(2.3.24c)~式(2.3.26d)。

令函数 $M(t)$ 表示从初始至 t 时刻进入或离开长方体型晶体的物质的量,则易得 $M(t)$ 与 $M(\infty)$ 的关系式

$$\frac{M(t)}{M(\infty)} = \frac{\int_0^c \int_0^b \int_0^a \left[q(t, x, y, z) - q_0\right] \mathrm{d}x \mathrm{d}y \mathrm{d}z}{\int_0^c \int_0^b \int_0^a \left(q_e - q_0\right) \mathrm{d}x \mathrm{d}y \mathrm{d}z} \tag{2.3.36}$$

利用式(2.3.35)[或参考式(2.1.59)],式(2.3.36)可表示为

$$\frac{M(t)}{M(\infty)} = 1 - \sum_{m,n,k=1}^{\infty} \frac{8 L_x^2 L_y^2 L_z^2 e^{-\left(\frac{\beta_{x,m}^2 D_x}{a^2} + \frac{\beta_{y,n}^2 D_y}{b^2} + \frac{\beta_{z,k}^2 D_z}{c^2}\right)t}}{\beta_{x,m}^2 \beta_{y,n}^2 \beta_{z,k}^2 \left(\beta_{x,m}^2 + L_x^2 + L_x\right)\left(\beta_{y,n}^2 + L_y^2 + L_y\right)\left(\beta_{z,k}^2 + L_z^2 + L_z\right)} \tag{2.3.37}$$

式中,参数 $\beta_{x,m}$、$\beta_{y,n}$、$\beta_{z,k}$、L_x、L_y、L_z 的定义见式(2.3.24c)~式(2.3.26d)。在吸附速率法中,可以利用式(2.3.37)来拟合长方体型晶体传质系数。

2.4 小 结

对分子筛传质过程的定量描述依赖于偏微分方程体系,这些典型的扩散方程可以采用经典的数学物理方法进行求解,从而得到解析解。本章针对是否考虑表面传质阻力,将分子筛的传质问题分为两种类型:第一种类型为单阻力问题,仅考虑分子筛的晶内阻

力，与微分方程的第一类边界条件相对应；第二种类型为双阻力问题，同时考虑了分子筛的表面阻力和晶内阻力，与微分方程的第三类边界条件相对应。对于每一类型问题，均考虑了平板型、球型和长方体型晶体的传质过程。针对这些过程，详细推导了吸附(脱附)组分在分子筛内的浓度时空演化的解析表达式，以及与测量方法相对应的吸附(脱附)速率公式。

尽管这些解析表达式本身可以在一些文献上查阅[2-4]，但具体的求解过程却常被忽略。作者期望通过本章的详细推导帮助大家梳理求解的细节，从而能够在针对特定问题的求解过程中受到启发，作者在下一章中推导了与测量相关的表面传质系数的解析表达式，就利用了类似的一些求解方法。

本章参考文献

[1] 顾樵. 数学物理方法. 北京: 科学出版社, 2012.

[2] Crank J. The Mathematics of Diffusion. New York: Oxford University Press, 1975.

[3] Carslaw H S, Jaeger J C. Conduction of Heat in Solids. London: Oxford University Press, 1959.

[4] Heinke L. Significance of concentration-dependent intracrystalline diffusion and surface permeation for overall mass transfer. Diffusion Fundamentals, 2007, 4: 12.1-12.11.

第3章

分子筛晶体的表面传质

　　分子筛因其具有独特的择形和催化选择性，而被广泛应用于非均相催化体系，其中一个较为典型的应用是甲醇制烯烃反应。采用小孔的 SAPO-34 分子筛催化剂可以限制大分子的扩散，因而使得甲醇制烯烃反应的目标产物(乙烯和丙烯)选择性大幅提升[1]。因此，了解分子筛的传质性质对于分子筛的高效利用以及优化设计至关重要。然而，现阶段分子筛尺度的传质机制和理论研究仍需进一步完善。一般来说，对客体分子在分子筛中的扩散系数进行直接测量比较困难。研究发现，采用宏观方法测量得到的有效扩散系数和微观方法测量得到的晶内扩散系数存在较大的差异，甚至具有数量级的差别。Bülow等[2]通过研究正己烷在 MgA 分子筛中的扩散行为，发现客体分子的有效扩散系数随着分子筛晶体尺寸的减小而显著降低。基于上述的实验结果，一般认为对于分子筛的传质，除分子筛晶体内部主客体相互作用导致的晶内扩散阻力外，分子筛的表界面处也存在阻力，这种在分子筛表界面处存在的主客体相互作用被定义为表面传质阻力。Kärger 等[3-6]采用干涉显微技术测定了分子筛单晶中具有时间分辨的客体分子吸附演化过程，如图3.1.1所示，发现吸附过程中分子筛的外表面浓度与气相主体浓度并不处于平衡状态，进一步证实了表面传质阻力的存在。由此，客体分子在分子筛中的传质过程受到晶内扩散和表面阻力这两种机制的共同作用。

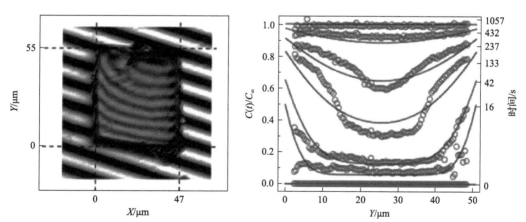

图 3.0.1　SAPO-34 分子筛单晶体中甲醇吸附的干涉显微成像与时空演化图[3]

X、Y 分别表示晶体在水平面上两个方向的大小；$C(t)$ 表示 t 时间的吸附浓度；C_∞ 表示吸附平衡后的浓度

　　截止到目前，关于表面传质阻力的研究还相对较少。一方面，产生表面传质阻力的本质原因或产生机制仍不明确[7-9]，不同主客体相互作用体系总的表面传质过程仍需深入探究；另一方面，如温度、压力、分子筛表面特性(包括缺陷、酸性等)等因素对表面传

质阻力的影响机制仍不明确。进一步从应用的角度来看，表面传质阻力对分子筛催化反应带来的影响仍值得深入研究。综上，揭示分子筛表面传质阻力产生的本质原因是解决所有这些问题的基础。

尽管分子筛表面传质阻力的研究迄今仍是一个受相关学者关注的热点前沿课题，但普遍认为分子筛表面传质阻力是指客体分子从晶体表面渗透进入晶体内过程中所受的传质阻力。表面渗透过程具体为客体分子从气相主体经过碰撞吸附至分子筛外表面，再通过外表面抵达孔口，最后再进入孔口的过程。针对分子筛表面传质阻力的影响机制，许多研究认为分子筛表界面的孔口堵塞以及孔隙变窄等表面缺陷是产生表面传质阻力的主要原因[7-9]。但是还有研究发现，客体分子从气相主体进入到晶体内部，从无序到有序，这一熵减过程也会造成表面传质阻力[10-13]。开展分子筛表面传质阻力的研究，离不开表征和测试技术的发展，特别是建立简单、准确的表面传质阻力测量方法成为面临的首要重大挑战。本章将针对在等压吸附及对流扩散两类状态下推导表面传质系数，并结合理论公式，发展相应的分子筛晶体传质系数的测量方法。

3.1　等压吸附下的表面传质

等压吸附法是常用的测试分子筛传质系数的方法。其测试过程为将吸附质引入装有分子筛的封闭环境，记录分子筛吸附客体分子的负载量(质量、浓度等)随时间的变化曲线，通过拟合等压吸附过程曲线得到传质系数。单阻力模型中并未包含表面传质阻力的影响因素，因此由单阻力模型得到的扩散系数本质上是表观扩散系数，它包含了表面传质阻力和晶内扩散阻力的共同作用效果。但是表面传质阻力和晶内扩散阻力的物理机制不一样，要深入理解表面阻力和晶内扩散阻力，亟须发展表面传质系数的直接测量方法。

在本节，将基于一维传质的双阻力模型，推导等压吸附条件下表面传质系数的解析表达式，并建立相应的测量方法。该方法将适用于如下的单组分传质情形：①晶体内部组分初始浓度在空间上分布均匀，即初始时刻组分在晶体内部不存浓度梯度；②在整个吸脱附过程中，晶体外部的气相或液相组分浓度保持恒定。

3.1.1　表面传质系数公式的推导

根据 2.1.2 小节，分子筛晶体内部一维传质控制方程为

$$\frac{\partial q}{\partial t} = D \frac{\partial^2 q}{\partial x^2} \tag{3.1.1a}$$

$$q\big|_{t=0} = q_0 \tag{3.1.1b}$$

$$\frac{\partial q}{\partial x}\bigg|_{x=0} = 0 , \quad -D \frac{\partial q}{\partial x}\bigg|_{x=l} = \alpha \left(q\big|_{x=l} - q_e \right) \tag{3.1.1c}$$

式中，q 为晶内吸附组分的浓度，$kmol/m^3$；D 为晶内扩散系数，m^2/s；t 为吸附时间，s；x 为笛卡儿坐标(坐标原点位于晶体中心)，m；l 为一维扩散路径或平板型材料厚度的一半，m；α 为晶体的表面传质系数(亦称为表面渗透率)，m/s，它反映晶体表界面两侧的两相浓度趋向平衡的能力，表面传质系数越大，则晶体表面两侧两相浓度趋向平衡的能力就越强；q_0 为晶体内吸附组分的初始浓度，$kmol/m^3$；q_e 为与晶体外部达到吸脱附平衡时的晶内吸附组分的浓度，$kmol/m^3$。当 $q_e > q_0$ 时，为吸附过程；当 $q_e < q_0$ 时，表示脱附过程。

通过变换 $\eta = x/l$ 和 $\tau = Dt/l^2$，引入无量纲坐标 η（$0 < \eta < 1$）和无量纲时间 τ，则方程 (3.1.1)可变为

$$\frac{\partial q}{\partial \tau} = \frac{\partial^2 q}{\partial \eta^2} \tag{3.1.2a}$$

$$q|_{\tau=0} = q_0 \tag{3.1.2b}$$

$$\frac{\partial q}{\partial \eta}\Bigg|_{\eta=0} = 0, \quad \frac{\partial q}{\partial \eta}\Bigg|_{\eta=1} = L\left(q_e - q|_{\eta=1}\right) \tag{3.1.2c}$$

式中，参数 $L = \alpha l/D$［与式(2.1.52)相同］，它反映了晶内扩散与表面传质(表面渗透)的特征时间之比。

针对时间 τ 作拉普拉斯(Laplace)变换，式(3.1.2)可变为

$$\frac{\partial^2 Q}{\partial \eta^2} - sQ + q_0 = 0 \tag{3.1.3a}$$

$$\frac{\partial Q}{\partial \eta}\Bigg|_{\eta=0} = 0, \quad \frac{\partial Q}{\partial \eta}\Bigg|_{\eta=1} = L\left(\frac{q_e}{s} - Q|_{\eta=1}\right) \tag{3.1.3b}$$

式中，变量 τ 经 Laplace 变换后变为变量 s；函数 q 变为 Q。泛定方程(3.1.3a)的通解为

$$Q = A\exp\left(\eta\sqrt{s}\right) + B\exp\left(-\eta\sqrt{s}\right) + \frac{q_0}{s} \tag{3.1.4}$$

式中，A、B 均为与 η 无关的常数。求导后，有

$$\frac{dQ}{d\eta} = A\sqrt{s}\exp\left(\eta\sqrt{s}\right) - B\sqrt{s}\exp\left(-\eta\sqrt{s}\right) \tag{3.1.5}$$

将式(3.1.5)代入式(3.1.3b)中的第一个边界条件(即 $\eta = 0$ 时，导数为零)，可得

$$A = B \tag{3.1.6}$$

再利用式(3.1.4)～式(3.1.6)，针对式(3.1.3b)中的第二个边界条件，变换可得

$$A\sqrt{s}\left[\exp\left(\sqrt{s}\right)-\exp\left(-\sqrt{s}\right)\right]=L\left\{\frac{q_{\mathrm{e}}-q_0}{s}-A\left[\exp\left(\sqrt{s}\right)+\exp\left(-\sqrt{s}\right)\right]\right\} \tag{3.1.7}$$

从而可求得常数 A 的关系式

$$A=\frac{\left(q_{\mathrm{e}}-q_0\right)L}{s}\frac{1}{\left(L+\sqrt{s}\right)\exp\left(\sqrt{s}\right)+\left(L-\sqrt{s}\right)\exp\left(-\sqrt{s}\right)} \tag{3.1.8}$$

结合式 (3.1.8) 和式 (3.1.6)，由式 (3.1.4) 可得到

$$Q=\frac{\left(q_{\mathrm{e}}-q_0\right)L}{s}\frac{\exp\left(\eta\sqrt{s}\right)+\exp\left(-\eta\sqrt{s}\right)}{\left(L+\sqrt{s}\right)\exp\left(\sqrt{s}\right)+\left(L-\sqrt{s}\right)\exp\left(-\sqrt{s}\right)}+\frac{q_0}{s} \tag{3.1.9}$$

式 (3.1.9) 可进一步变形为

$$Q=\frac{L\left(q_{\mathrm{e}}-q_0\right)\left[\exp\left(\eta\sqrt{s}\right)+\exp\left(-\eta\sqrt{s}\right)\right]}{s\left(L+\sqrt{s}\right)\exp\left(\sqrt{s}\right)\left[1+\dfrac{L-\sqrt{s}}{L+\sqrt{s}}\exp\left(-2\sqrt{s}\right)\right]}+\frac{q_0}{s} \tag{3.1.10}$$

根据以下的展开关系式

$$\frac{1}{1+\dfrac{L-\sqrt{s}}{L+\sqrt{s}}\exp\left(-2\sqrt{s}\right)}=\sum_{n=0}^{\infty}(-1)^n\left(\frac{L-\sqrt{s}}{L+\sqrt{s}}\right)^n\exp\left(-2n\sqrt{s}\right) \tag{3.1.11}$$

式 (3.1.10) 可表示为

$$Q=\frac{L\left(q_{\mathrm{e}}-q_0\right)\left\{\exp\left[-(1-\eta)\sqrt{s}\right]+\exp\left[-(1+\eta)\sqrt{s}\right]\right\}}{s\left(L+\sqrt{s}\right)}\left[\sum_{n=0}^{\infty}(-1)^n\left(\frac{L-\sqrt{s}}{L+\sqrt{s}}\right)^n\exp\left(-2n\sqrt{s}\right)\right]+\frac{q_0}{s}$$

$$\tag{3.1.12}$$

或者

$$Q=\frac{L\left(q_{\mathrm{e}}-q_0\right)}{s\left(L+\sqrt{s}\right)}\left\{\sum_{n=0}^{\infty}(-1)^n\left(\frac{L-\sqrt{s}}{L+\sqrt{s}}\right)^n\exp\left[-(2n+1-\eta)\sqrt{s}\right]\right.$$

$$\left.+\sum_{n=0}^{\infty}(-1)^n\left(\frac{L-\sqrt{s}}{L+\sqrt{s}}\right)^n\exp\left[-(2n+1+\eta)\sqrt{s}\right]\right\}+\frac{q_0}{s} \tag{3.1.13}$$

仅考虑第一项（即 $n=0$），式 (3.1.13) 可简化为

$$Q = \frac{L(q_e - q_0)}{s(L + \sqrt{s})} \left\{ \exp\left[-(1-\eta)\sqrt{s}\right] + \exp\left[-(1+\eta)\sqrt{s}\right] + \cdots \right\} + \frac{q_0}{s} \tag{3.1.14}$$

根据 Laplace 逆变换的关系式

$$\mathcal{L}^{-1}\left[\frac{L\exp(-k\sqrt{s})}{s(L+\sqrt{s})}\right] = -\exp\left(Lk + L^2\tau\right)\operatorname{erfc}\left(L\sqrt{\tau} + \frac{k}{2\sqrt{\tau}}\right) + \operatorname{erfc}\left(\frac{k}{2\sqrt{\tau}}\right) \tag{3.1.15}$$

对式 (3.1.14) 作 Laplace 逆变换后，可得到 q 的表达式

$$
\begin{aligned}
q = q_0 + (q_e - q_0)\Bigg\{ &\operatorname{erfc}\left(\frac{1-\eta}{2\sqrt{\tau}}\right) - \exp\left[L(1-\eta) + L^2\tau\right]\operatorname{erfc}\left(L\sqrt{\tau} + \frac{1-\eta}{2\sqrt{\tau}}\right) \\
&+ \operatorname{erfc}\left(\frac{1+\eta}{2\sqrt{\tau}}\right) - \exp\left[L(1+\eta) + L^2\tau\right]\operatorname{erfc}\left(L\sqrt{\tau} + \frac{1+\eta}{2\sqrt{\tau}}\right) + \cdots \Bigg\}
\end{aligned} \tag{3.1.16}
$$

考虑到对称性，半个颗粒的吸附速率为

$$\frac{\mathrm{d}\left(\dfrac{m_t}{M}\right)}{\mathrm{d}t} = D\frac{\partial q}{\partial x}S = \alpha\left(q_e - q\big|_{x=l}\right)S \tag{3.1.17}$$

式中，m_t 为客体分子从初始时刻至 t 时刻进入半个颗粒的累积吸附量（当 m_t 为负值时表示半个颗粒的累积脱附量），kg；M 为客体分子的摩尔质量，kg/mol；S 为颗粒某一侧的面积（该面垂直于扩散路径方向），m^2。若采用无量纲变量，式 (3.1.17) 可表示为

$$\frac{\mathrm{d}\left(\dfrac{m_t}{MV}\right)}{\mathrm{d}\tau} = \frac{\partial q}{\partial \eta} = L\left(q_e - q\big|_{\eta=1}\right) \tag{3.1.18}$$

式中，V 为半颗粒（半平板）的体积，m^3。因此，可以进一步得到累积吸脱附量的表达式

$$\frac{m_t}{MV} = \int_0^\tau L\left(q_e - q\big|_{\eta=1}\right)\mathrm{d}\tau \tag{3.1.19}$$

当 $\eta = 1$ 且 $\tau \to 0$ 时，由式 (3.1.16) 可得到边界处 q 的表达式

$$q\big|_{\eta=1}^{\tau\to 0} = q_0 + (q_e - q_0)\left[1 - \exp\left(L^2\tau\right)\operatorname{erfc}\left(L\sqrt{\tau}\right)\right] \tag{3.1.20}$$

将式 (3.1.20) 代入式 (3.1.19)，可得到

$$\frac{m_t}{MV}\bigg|^{\tau\to 0} = L(q_e - q_0)\int_0^\tau \exp\left(L^2\tau\right)\operatorname{erfc}\left(L\sqrt{\tau}\right)\mathrm{d}\tau \tag{3.1.21}$$

积分后，可得

$$\left.\frac{m_t}{MV}\right|^{\tau\to0}=(q_e-q_0)\left[\sqrt{\frac{4\tau}{\pi}}-\frac{1-\exp\left(L^2\tau\right)\mathrm{erfc}\left(L\sqrt{\tau}\right)}{L}\right] \tag{3.1.22}$$

考虑到吸脱附平衡时的关系式

$$\frac{m_\infty}{MV}=q_e-q_0 \tag{3.1.23}$$

由式(3.1.22)和式(3.1.23)，可以得到初始阶段相对的吸脱附量关系式

$$\left.\frac{m_t}{m_\infty}\right|^{\tau\to0}=\sqrt{\frac{4\tau}{\pi}}-\frac{1-\exp\left(L^2\tau\right)\mathrm{erfc}\left(L\sqrt{\tau}\right)}{L} \tag{3.1.24}$$

将无量纲时间变量 τ 转化为 t，则有

$$\left.\frac{m_t}{m_\infty}\right|^{t\to0}=\sqrt{\frac{4Dt}{\pi l^2}}-\frac{1-\exp\left(L^2Dt/l^2\right)\mathrm{erfc}\left(L\sqrt{Dt/l^2}\right)}{L} \tag{3.1.25}$$

若定义函数 $f(\xi)$

$$f(\xi)=\sqrt{\frac{4D}{\pi l^2}}\xi-\frac{1-\exp\left(L^2D\xi^2/l^2\right)\mathrm{erfc}\left(L\sqrt{D/l^2}\xi\right)}{L} \tag{3.1.26}$$

则易得该函数在零点的函数值、一阶导数值和二阶导数值

$$f(0)=0,\quad f'(0)=0,\quad f''(0)=\frac{2\alpha}{l} \tag{3.1.27}$$

由式(3.1.26)和式(3.1.27)易得，初始阶段的相对吸脱附量的表达式，即式(3.1.25)，经过泰勒展开后可简化表示为

$$\left.\frac{m_t}{m_\infty}\right|^{\sqrt{t}\to0}=\frac{\alpha}{l}\left(\sqrt{t}\right)^2+O\left(\sqrt{t}\right)^3 \tag{3.1.28}$$

式(3.1.28)给出了初始阶段的相对吸脱附量与表面传质系数及晶体粒度之间的简明关系式。在已知晶体特征尺度的条件下，通过测量初始阶段晶体的相对吸脱附量，就可以利用该公式，获得表面渗透率 α。尽管在以上推导过程中，$m_t(m_\infty)$ 表示半个颗粒从初始时刻到 t(∞或平衡)时刻的累积吸脱附量，但考虑到对称性，半个颗粒的相对吸附量与整个颗粒的相对吸附量是相同的。因此，比值 m_t/m_∞ 也可以理解为整个晶体颗粒的相对吸附量。从而由式(3.1.28)知，利用颗粒的相对吸脱附量以及平板颗粒的半厚度 l 就可以预测晶体的表面传质系数。

在实际测试过程中，测试对象往往是床层中的催化剂晶体群。在床层中，不同的晶体颗粒可能存在不同的表面渗透率。式(3.1.28)给出的是单一晶体表面渗透率的解析公式，其可以进一步应用到多晶粒组成的晶体群。

对于单一晶体 i，初始的吸附过程可以表示为

$$\frac{m_{t,i}}{m_{\infty,i}} \approx \frac{\alpha_i}{l_i}\left(\sqrt{t}\right)^2 \tag{3.1.29}$$

对于床层中晶体群，初始阶段的客体分子吸附量为

$$m_t = \sum_{i=1}^n m_{t,i} \approx \sum_{i=1}^n m_{\infty,i}\frac{\alpha_i}{l_i}\left(\sqrt{t}\right)^2 \tag{3.1.30}$$

式中，n 为床层中的晶体颗粒数目。因此床层中客体分子的相对吸附量为

$$\frac{m_t}{m_\infty} \approx \frac{\displaystyle\sum_{i=1}^n m_{\infty,i}\frac{\alpha_i}{l_i}\left(\sqrt{t}\right)^2}{m_\infty} \tag{3.1.31}$$

式中，$m_{\infty,i}$ 和 m_∞ 分别为单一晶体和床层晶体群中客体分子平衡吸附量，定义为

$$m_{\infty,i} = q_{\mathrm{eq},i}MV_i, \quad m_\infty = \sum_{i=1}^n m_{\infty,i} \tag{3.1.32}$$

则式 (3.1.31) 可变为

$$\frac{m_t}{m_\infty} \approx \frac{\displaystyle\sum_{i=1}^n q_{\mathrm{eq},i}V_i\frac{\alpha_i}{l_i}}{\displaystyle\sum_{i=1}^n q_{\mathrm{eq},i}V_i}\left(\sqrt{t}\right)^2 \tag{3.1.33}$$

式中，V_i 为晶体 i 的体积，m^3；$q_{\mathrm{eq},i}$ 为晶体 i 达到吸脱附平衡时晶内吸脱附组分的浓度，$\mathrm{kmol/m}^3$。假设各晶体颗粒能够达到的平衡浓度相同，即 $q_{\mathrm{eq},i} = q_{\mathrm{eq}}$，式 (3.1.33) 可以简化为

$$\frac{m_t}{m_\infty} \approx \sum_{i=1}^n \left(\frac{\omega_i}{l_i}\alpha_i\right)\left(\sqrt{t}\right)^2 \tag{3.1.34}$$

式 (3.1.34) 即床层颗粒群在初始阶段相对吸附量的表达式。其中，ω_i 为晶体 i 的体积分数，即 $\omega_i = V_i\big/\sum_{i=1}^n V_i$。对比式 (3.1.34) 与式 (3.1.28)，可以发现由式 (3.1.28) 计算得到的表面渗透率，实际上是床层晶体颗粒群体表面渗透率的一种平均值。因此在应用式 (3.1.28) 时，应使床层晶体群的粒度分布范围尽可能收窄，从而避免粒度分布的影响效应。

3.1.2 表面传质系数的测量方法

研究分子筛材料的传质机制需要能够直接定量测量表面传质系数的实验方法。在前期的研究中，研究人员多采用干涉显微镜或红外显微镜测量纳米多孔材料的表面传质系数[3-6]。这类微观方法的优势在于可直观地获得单个分子筛晶体内的组分浓度变化图。但

受测量条件以及分辨率的限制,被测样品的晶体大小需大于 20μm,且具备良好的透光性,使该方法难以用于系统研究晶粒传质机制。同时,研究中测试的分子筛材料大小远远大于实际工业生产中应用的分子筛材料大小,因此其所得结论的普适性仍有待检验。

目前,分子筛扩散系数的宏观测试方法主要基于等压吸附法[14, 15]。由 3.1.1 小节推导的表面渗透率公式,是对等压吸附速率法的进一步发展。采用该公式,可以直接获取客体分子在分子筛上的表面渗透率。下面将对测试方法及步骤展开介绍。

吸附速率法的基本原理是基于扰动-瞬态响应机制,在含有分子筛的体系中,引入吸附质,使其浓度或组分压力瞬时增大,分子筛材料吸附气相中的吸附质分子从而引起自身质量、压力或光信号等参数的变化。根据这些获得的参数随时间的变化关系,从而可获得相应体系的扩散动力学信息。需要注意的是,这些待测定的分子筛性质变化与分子筛所吸附的吸附质浓度变化密切相关。吸附速率法根据测量参数或测试仪器的不同又可细分为重量法、量容或量压法、红外光谱法和紫外光谱法等。重量法是利用精密真空微天平或振荡微量天平测量分子筛的质量在等压条件下吸附质浓度或吸附质组分压力发生阶跃后随时间的变化关系,以获得吸附量随时间的变化曲线。量容或量压法是通过记录体系中吸附质的体积或者压力随时间的变化关系,进而换算得到吸附量随时间的变化曲线。类似地,通过记录参数的变化,并将其转化为吸附量随时间的变化曲线,经理论分析即可获得扩散系数。然而,在过去的实验测试中,缺少能够直接定量表面传质阻力的理论公式,因此仅能得到表观扩散系数,无法精确地反映分子筛表面传质的扩散行为。

本小节根据所推导的含有表面渗透率的理论公式,用智能重量吸附仪进行测试,对基于吸附过程的直接测量表面传质系数方法进行详细介绍。基于脱附过程的测量方法也具有类似的步骤。

1)测试装置

将分子筛装入智能重量吸附仪的微天平上并封闭在可加热炉箱内,在平衡状态下施加瞬态扰动,即向体系中瞬间通入吸附质气体。待体系中压力发生阶跃后,记录分子筛样品的质量随时间变化的关系,而后根据吸附速率曲线拟合得到客体分子在分子筛晶体上的表面渗透率。

2)吸附测试步骤

(1)将待测的分子筛装入炉箱内的微天平上,在真空及 350℃的条件下脱除分子筛吸附的水分,以避免分子筛所吸附的水分和其他组分对测量产生影响。

(2)向待测分子筛介质体系中施加压力脉冲。例如,可设置压力阶跃为 0～1mbar[①],以保证分子筛在较低的吸附质浓度下进行吸附,避免分子间的相互作用的影响,从而获得符合传质公式描述的客体分子扩散行为。

(3)记录吸附过程中分子筛和吸附组分的质量随时间的变化关系。测试内容主要包括:初始时刻的分子筛内吸附组分的质量 μ_0,随时间变化不同时刻的分子筛内吸附组分的质量 μ_t,直至分子筛吸附达到平衡的分子筛内的吸附组分的质量 μ_∞。

---

① 1bar=10⁵Pa。

(4)计算不同时间的吸附量 m_t 和归一化饱和吸附量 m_∞(两者单位为 kg),然后将所得吸附量变化数据代入式(3.1.35)计算,以获得基于饱和吸附量的归一化吸附量随时间的变化曲线。

$$\frac{m_t}{m_\infty} = \frac{\mu_t - \mu_0}{\mu_\infty - \mu_0} \tag{3.1.35}$$

(5)根据式(3.1.28),将归一化的初始阶段吸附量拟合为式(3.1.36),可得到表面传质系数 α。值得注意的是,应用该公式时应使测试样品分子筛晶体的粒度分布尽可能窄。

$$\left.\frac{m_t}{m_\infty}\right|^{\sqrt{t}\to 0} = \frac{\alpha}{l}\left(\sqrt{t}\right)^2 \tag{3.1.36}$$

3.1.3　表面传质的应用

在 3.1.2 小节发展的可直接测量表面传质系数的等压吸附方法基础上,本小节将简要介绍表面传质系数测量方法的三个应用。

1)SAPO-34 分子筛的扩散系数

扩散测量亟待解决的问题之一[16-18]是用不同扩散测量技术得到的扩散系数往往存在较大的差异。通过引入表面传质,深入研究比较各测量方法取得的 SAPO-34 分子筛的扩散系数,有助于深入理解该问题。具体操作如下:

首先,用三种测量仪器[干涉显微镜(IFM)[19]、智能重量分析仪(IGA)和振荡微量天平(TEOM)[20]]得到甲醇在 SAPO-34 分子筛上的吸附曲线,应用式(3.1.28)[或式(3.1.36)]获得表面传质系数;其次,在得到表面传质系数的前提下,利用双阻力模型式(2.1.59)拟合得到晶内扩散系数(晶内扩散系数的计算细节也可参考第 4 章)。同时,利用脉冲梯度场核磁共振(PFG NMR)获得(低负载量的)甲醇在 SAPO-34 分子筛中的晶内扩散系数,并将该数据作为参考。计算结果如图 3.1.1 所示。

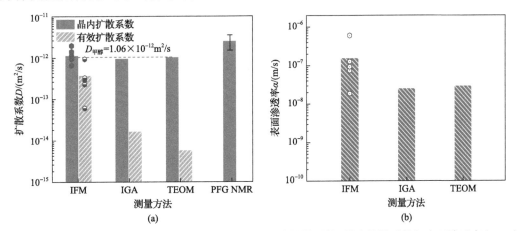

图 3.1.1　不同方法测得甲醇在 SAPO-34 分子筛中的有效扩散系数、晶内扩散系数与表面渗透率(303K)

(a)不同吸附速率法测得的低分子负载量的甲醇在 SAPO-34 分子筛中的晶内扩散系数与有效扩散系数以及由 PFG NMR 方法测得的晶内扩散系数;(b)不同吸附速率法测得的低分子负载量的甲醇在 SAPO-34 分子筛中的表面渗透率

在图 3.1.1(a)中，D_{eff} 为有效扩散系数(或表观扩散系数)，即指采用(未考虑表面传质的)单阻力传质模型式(2.1.28)得到的扩散系数。当分子筛的晶内扩散系数 D 和表面传质系数 α 已知时，D_{eff} 也可采用以下近似关联式进行预测

$$\frac{1}{D_{eff}} = \frac{1}{D} + \frac{3}{\alpha l} \tag{3.1.37}$$

如图 3.1.1(a)所示，当不考虑表面传质时(即采用单阻力传质模型)，三种吸附速率法所得到的有效扩散系数相差约为两个数量级。但当考虑表面传质后(即分别计算表面传质系数和晶内扩散系数)，利用三种测量方法所测得的甲醇在 SAPO-34 分子筛中低分子负载量的晶内扩散系数基本一致，约为 $1.06 \times 10^{-12} m^2/s$。Beerdsen 等[21-23]和 Chmelik 等[24]分别通过分子模拟计算与显微镜成像方法，发现在低分子负载量的条件下，分子扩散主要受到其与孔道相互作用的影响，而分子间相互作用可被忽略。因此，在低分子负载量的条件下，晶内自扩散系数与传输扩散系数一致。通过 PFG NMR 方法测得甲醇(分子覆盖率约为 0.08)在 SAPO-34 分子筛中低分子负载量的晶内扩散系数为 $(2.55 \pm 1.01) \times 10^{-12} m^2/s$，该值与吸附速率法所获得的晶内传输扩散系数基本一致。表明式(3.1.36)能够将表面传质阻力从宏观传质过程中解耦出来，并进一步解析到晶内扩散系数。在图 3.1.2 中，作者更为详细地给出了利用三种测量方法获得的甲醇吸附速率曲线，以及基于双阻力模型得到的拟合曲线。以上诸结果表明，在低分子负载量的条件下，晶内扩散系数只与客体分子的性质、主体材料的孔道结构和相应的主客体作用有关，而与仪器测试方法无关。

如图 3.1.1(b)所示，不同吸附速率方法测得的表面渗透率存在一定的差异，这可能是由于各方法中使用的 SAPO-34 分子筛的物理性质(如表面缺陷、表面吸附与脱附作用[7-9]及表面组成[25])不同。其中最大可能是由于所使用的 SAPO-34 分子筛表面硅含量不同。通过式(3.3.36)所得在不同 SAPO-34 单晶中的表面传质系数存在明显差异，这一差异可能是由不同单晶的表面硅含量不同或者 IFM 在测量过程中不同分子筛单晶周围的气氛浓度差异造成的。另外，微观吸附速率法测得的表面渗透率大于宏观吸附速率法所测结果。微观吸附速率法(测试单一晶体)和宏观吸附速率法(测试分子筛晶体群)用于测试客体分

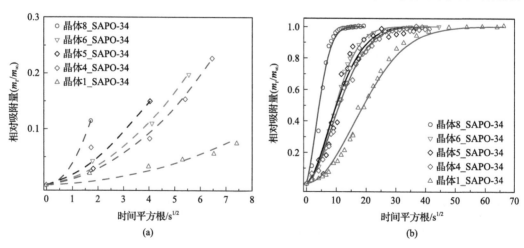

(a)　　　　　　　　　　　　　(b)

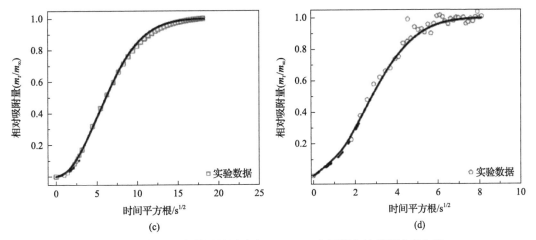

图 3.1.2　低分子负载量的甲醇在 SAPO-34 分子筛中的吸附速率曲线

(a)、(b)采用 IFM 测试不同 SAPO-34 分子筛单晶的甲醇吸附速率曲线(298K, 0～1mbar, 分子负载量约为 0.57mmol/g 催化剂);(c)采用 IGA 测试甲醇在 SAPO-34 分子筛中的吸附速率曲线(303K, 0～0.6mbar, 分子负载量约为 0.41mmol/g 催化剂);(d)采用 TEOM 测试甲醇在 SAPO-34 分子筛中的吸附速率曲线(303K)。离散点为实验值,虚线为式(3.1.26)的拟合结果,实线为立方体 DRM 的拟合结果

子在分子筛材料的表面渗透率所存在的差异需要进一步研究。另外,在不同方法测试过程中由于实验条件的差异,如分子筛的储存条件、预处理条件等,也可能造成表面渗透率测试结果的差异。

在这一小节中已阐明,以往采用宏观吸附速率法所测得的有效扩散系数包含了表面传质阻力的影响,从而造成不同测试方法所得到的有效扩散系数不一致的情况。通过式(3.1.28)能够将表面传质阻力从宏观传质过程解耦出来,并且分别确定出表面渗透率和晶内扩散系数。

2)SAPO-34 分子筛的晶体大小与界面性质对表面渗透率的影响

如图 3.1.3 所示,采用 IGA 测试了丙烷分子在不同晶体大小 SAPO-34 分子筛中(平均晶体大小为 0.05μm、0.50μm、1.00μm、3.50μm、8.00μm)的吸附速率曲线。按上面所述步骤所示,由初始吸附速率曲线可求出表面渗透率 α,基于所求得的 α 进一步采用双阻力模型获得丙烷在 SAPO-34 分子筛中的晶内扩散系数[拟合效果见图 3.1.3(a)]。图 3.1.3(d)对比了丙烷分子在不同晶体大小 SAPO-34 分子筛中的有效扩散系数与晶内扩散系数,发现当晶体大小由 3.5μm 降至 0.05μm 时,有效扩散系数下降了约 2 个数量级。然而,根据过渡态理论,分子的晶内扩散系数仅取决于分子与主体材料的相互作用,与晶体大小无关。蒙特卡罗(MC)模拟也证实了分子的晶内扩散系数与晶体大小无关。如图 3.1.3(d)所示,当传质过程解耦出表面传质阻力之后,丙烷的晶内扩散系数几乎不随 SAPO-34 分子筛的晶体大小改变而变化。由式(3.1.37)可知,随着晶体大小的下降,表面传质阻力对传质过程的影响越为明显,甚至主导了分子的传质;丙烷在不同晶体大小的 SAPO-34 分子筛上的晶内扩散系数基本一致,说明当晶体变小时,表面传质阻力引起有效扩散系数的下降。如图 3.1.3(e)所示,通过对比丙烷在外表面酸含量相近且具有不同晶体大小 SAPO-34 分子筛中的表面渗透率可以发现,丙烷的表面渗透率几乎与

SAPO-34 分子筛的晶体大小无关。这与 Teixeira 等[8]开展的 MC 模拟结果一致，即分子的表面渗透率理论上与晶体大小无关，但却与分子筛晶体的表面性质有显著关系。进一步测

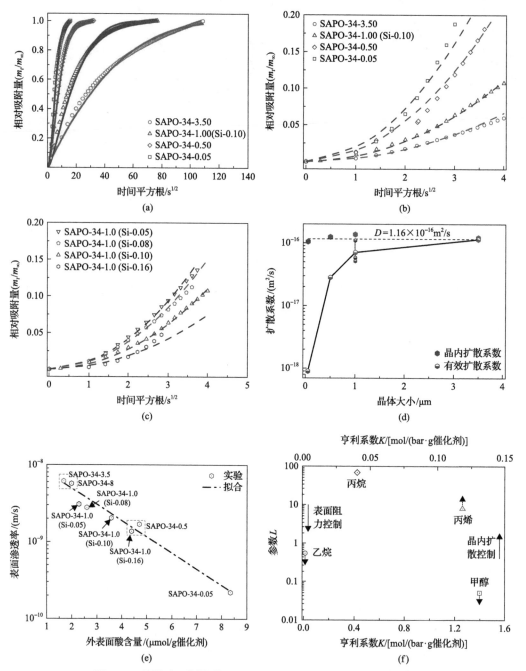

图 3.1.3　丙烷在不同晶体粒度与硅含量 SAPO-34 分子筛中的扩散

(a)丙烷在不同晶体大小 SAPO-34 分子筛中的吸附速率曲线，实线为双阻力模型拟合结果；(b)、(c)丙烷在不同晶体大小和硅含量 SAPO-34 分子筛中的初始吸附速率曲线(313K，0～9mbar)，离散点为实验值，虚线为方程(3.1.36)的拟合结果；(d)丙烷在不同晶体大小 SAPO-34 分子筛的表观扩散系数与晶内扩散系数对比；(e)丙烷表面渗透率随着 SAPO-34 分子筛外表面酸含量的变化；(f)甲醇、乙烷、丙烷和丙烯的亨利系数 K 与表面阻力参数 L 的关系(313K)

试丙烷在具有不同硅含量 SAPO-34 分子筛中的传质过程，如图 3.1.3(c) 所示，随着 SAPO-34 分子筛硅含量的增加，丙烷分子的初始吸附速率曲线变得明显滞后；如图 3.1.4(a) 所示，随着 SAPO-34 分子筛的硅含量增加，丙烷分子的表面渗透率逐渐下降。以吡啶作为探针分子，通过透射红外光谱表征，如图 3.1.4(b) 所示，随着 SAPO-34 分子筛硅含量的增加，分子筛外表面的酸性位点数目增多。相应地，如图 3.1.3(e) 所示，随着 SAPO-34 分子筛外表面酸含量的增加，丙烷的表面渗透率呈现出指数型下降趋势。从上述实验中不难发现：目前普遍认为是晶体材料表界面处存在的缺陷位引起了分子的表面传质阻力，晶体界面存在缺陷，分子在进入到晶体内部结构之前需要"曲折"地寻找进入晶体内部结构的孔道，因此在晶体表界面处产生了滞留。增加晶体外表面的酸性位点将有利于增强分子与晶体界面的相互作用，从而减慢了分子在表界面处寻找进入内部晶体结构孔道的速率。因此，推断分子筛晶体外表面的酸性质也是引起或者影响分子表面传质阻力的重要因素之一。

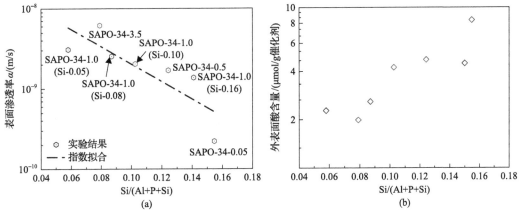

图 3.1.4　不同硅含量 SAPO-34 分子筛的丙烷表面渗透率和外表面酸含量

(a) 丙烷在 SAPO-34 分子筛中的表面渗透率与硅含量的关系；(b) SAPO-34 分子筛硅含量与外表面酸含量的关系

　　为了进一步说明分子-分子筛表面相互作用对表面传质阻力的影响，以两组分子在 SAPO-34 分子筛内的传质为例进行比较。选取了具有相近分子大小但不同分子-分子筛表面相互作用的两组分子，即甲醇与乙烷分子(~0.40nm)和丙烯与丙烷分子(~0.44nm)。如图 3.1.3(f) 所示，亨利(Henry)系数越大则表示分子-分子筛表面相互作用越强，参数 L 数值越小则表示分子传质过程倾向于表面传质阻力为主导。例如，甲醇与乙烷的分子大小相近，但甲醇与 SAPO-34 分子筛表面的相互作用较强，因此相较乙烷分子，甲醇在 SAPO-34 分子筛中的传质主导机理更倾向于表面传质阻力控制。类似地，丙烯与 SAPO-34 分子筛表面的相互作用较强，因此相较于丙烷，丙烯在 SAPO-34 分子筛的传质主导机理更倾向于表面传质阻力控制。综上所述，增强分子-分子筛外表面酸相互作用或者分子-分子筛表面相互作用强度均能够使得分子表面传质阻力的作用得到凸显，即分子表面渗透率下降。

3) SAPO-34 分子筛的储存条件对表面渗透率的影响

分子筛的储存条件或实验前的预处理方式对分子的表面传质阻力有着显著的影响[25,26]，因此，本小节将探究丙烷在预吸附不同水含量和暴露在湿空气中不同时间后的 SAPO-34 分子筛中的传质速率。Tzoulaki 等[27]通过 IFM 成像发现了 MFI 结构分子筛中吸附的水分子会使得分子的表面渗透率下降，Heinke 等[17]推测空气中的水分会造成金属有机骨架（MOF）薄膜表面处的结构发生破坏从而造成分子表面渗透率的下降。然而 Heinke 等[17]的工作中并未直接给出表面渗透率的定量描述。Gao 等通过对 SAPO-34 分子筛预吸附不同含量的水，采用 IGA 仪器研究了水对于丙烷分子表面传质阻力与晶内扩散的影响。如图 3.1.5(a)所示，随着 SAPO-34 分子筛内部水含量的增加，丙烷初始吸附速率发生明显的下降，通过式(3.1.36)得到丙烷的表面渗透率也发生下降。进一步，Gao 等发现 SAPO-34 分子筛中预吸附的水可能会对表面结构或者晶体结构造成破坏，还发现水分子在分子筛内部由位阻效应而引起的表面传质阻力相较于分子筛结构破坏的影响更明显。

分子筛结构对分子表面传质阻力与晶内扩散的影响。将 SAPO-34 分子筛暴露于 298K 下湿度约为 30%的空气中 0.1 个月、1 个月、3 个月和 5 个月，并且在进行丙烷吸附速率测试前，对样品在 623K 条件下进行至少 6h 的高真空处理以脱去预吸附的水分[从图 3.1.5(b)和(c)中根据曲线位置，可分析表面渗透率相对大小]。从图 3.1.5(b)～(e)可以得出，延长 SAPO-34 分子筛暴露在空气中的时间将使得丙烷的表面渗透率显著下降。当 SAPO-34 分子筛暴露在空气中的时间达到 5 个月，丙烷的表面渗透率减少到原来的 1/20，而丙烷的晶内扩散系数约减少到原来的 1/4.5。从图 3.1.5(e)可以看出，当 SAPO-34 分子筛暴露在空气中较短的时间内，丙烷的表面渗透率下降趋势明显快于晶内扩散系数，当暴露时间大于 3 个月时，丙烷的表面渗透率几乎不再下降，而丙烷的晶内扩散系数依旧在下降。研究发现当 SAPO-34 分子筛暴露在空气中，空气中水分的水解作用将影响 SAPO-34 分子筛的外表面酸性及产生新的表面缺陷。因此，判别是 SAPO-34 分子筛外表面结构的破坏或是产生的新缺陷而引起表面渗透率的下降需要进一步解释。如图 3.1.5(f)所示，随着 SAPO-34 分子筛暴露在空气中时间的延长，分子筛外表面的酸含量增加，相应地，表面渗透率随着外表面酸含量的增加呈现出指数下降的趋势。近似地，通过晶体材料表面堵孔模型，结合表面渗透率及晶内扩散系数的数值计算出 SAPO-34 分子筛外表面的孔道通透率；随着 SAPO-34 分子筛暴露在空气中时间的延长，分子筛外表面的孔道通透率迅速下降，然而，通过 XRD 分析，发现 SAPO-34 分子筛的整体晶体结构没有发生显著破坏。同样地，通过液氮温度下的氮气物理吸附表征，可以发现 SAPO-34 分子筛样品的孔道性质没有发生显著的变化。通过以上表征结果可以推测出，当 SAPO-34 分子筛暴露在湿空气中，水分首先会破坏分子筛外表面的结构，导致表面渗透率迅速下降，而水分子破坏分子筛晶体内部结构则需要较长的时间，因此分子的晶内扩散系数则较为缓慢地下降。以上结果表明在储存分子筛材料时，特别是 SAPO 分子筛，洁净和无水分的储存条件是必要的，这一条件能够使得分子筛的表面渗透率处于最佳值。

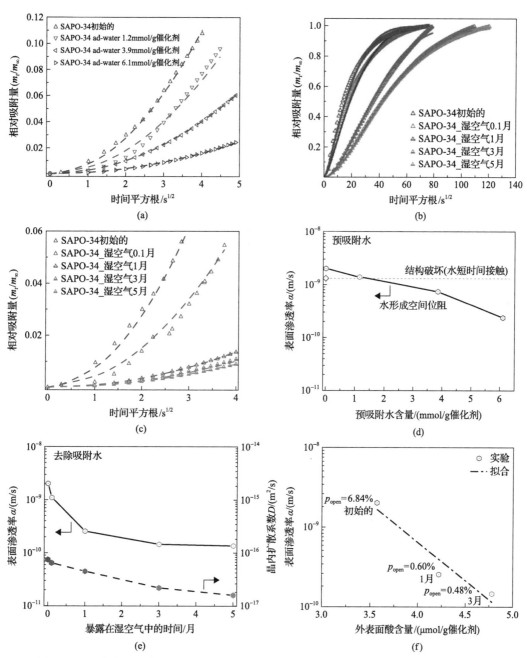

图 3.1.5　丙烷在预吸附不同水含量和暴露在空气中不同时间的 SAPO-34 分子筛中的扩散

(a)丙烷在预吸附不同水含量 SAPO-34 分子筛中的初始吸附速率；(b) (c)丙烷在暴露在空气中不同时间的 SAPO-34 分子筛的吸附速率(313K, 0~9mbar)；(d)丙烷表面渗透率与 SAPO-34 分子筛中预吸附水含量的关系；(e)丙烷表面渗透率与晶内扩散系数和 SAPO-34 暴露于湿空气时间的关系；(f)丙烷表面渗透率与分子筛外表面酸含量/暴露于空气中时间的关系，p_{open} 为分子筛的外表面孔道通透率

3.2 对流状态下的表面传质

在实际的催化反应体系中经常存在着对流行为。本节将基于零长柱装置，推导在对流状态下的分子筛表面传质系数理论公式，并据此发展表面传质系数的测量方法。零长柱装置较为简单，易于在实验室中搭建，其载气快速穿过分子筛薄层的特征，为研究传质机制提供了一个理想条件。与上一节相同，本节仍基于一维传质模型推导分子筛的表面传质系数公式，但综合考虑了吸附组分气相浓度的变化。

3.2.1 表面传质阻力系数公式的推导

吸附质分子在平板型纳米多孔晶体材料孔道内和表界面的传质过程可以描述为

$$\frac{\partial q}{\partial t} = D \frac{\partial^2 q}{\partial x^2} \tag{3.2.1}$$

$$\left. \frac{\partial q}{\partial x} \right|_{x=0} = 0 \tag{3.2.2}$$

$$D \left. \frac{\partial q}{\partial x} \right|_{x=l} = \alpha \left(fc - q|_{x=l} \right) \tag{3.2.3}$$

$$q|_{t=0} = q_0 \tag{3.2.4}$$

式中，q 为纳米多孔材料内吸附物分子的浓度，$kmol/m^3$；t 为脱附时间，s；D 为晶内扩散系数，m^2/s；x 为一维空间坐标(原点位于薄片的中间)，m；α 为表面渗透率，m/s；f 为无量纲的亨利常数；c 为吸附气体中吸附质分子的浓度，$kmol/m^3$；l 为平面薄片的半厚度，m；q_0 为初始稳态时的负载量，$kmol/m^3$。

在脱附过程中吹扫气体中吸附质分子的浓度可描述为

$$\frac{\mathrm{d}c}{\mathrm{d}t} = -k_{\mathrm{f}} \cdot c - D \left. \frac{\partial q}{\partial x} \right|_{x=l} \cdot \frac{1}{h} \tag{3.2.5}$$

式中，k_{f} 为吹扫体积流量与空隙体积的比值，s^{-1}。h 定义为 $h = V_{\mathrm{p}} \cdot \varepsilon / \left[S_{\mathrm{p}} \cdot (1-\varepsilon) \right]$，$m$，其中，$\varepsilon$ 为纳米多孔材料床层的空隙率，无量纲；V_{p} 为晶体总体积，m^3；S_{p} 为晶体总表面积，m^2。

对于吸附能力较强的分子筛晶体，若其在反应器内的床层较薄且吹扫气体流速大，则可以假设 $\mathrm{d}c/\mathrm{d}t=0$。那么 c 与 q 的关系可以表示为

$$c = -\frac{D}{k_{\mathrm{f}} \cdot h} \left. \frac{\partial q}{\partial x} \right|_{x=l} \tag{3.2.6}$$

将式(3.2.1)~式(3.2.4)中的变量 x 替换为无量纲参数 η，传质方程可重写为

$$\frac{\partial q}{\partial t} = \frac{D}{l^2}\frac{\partial^2 q}{\partial \eta^2} \tag{3.2.7}$$

$$\left.\frac{\partial q}{\partial \eta}\right|_{\eta=0} = 0 \tag{3.2.8}$$

$$\left.\frac{\partial q}{\partial \eta}\right|_{\eta=1} = \frac{\alpha l}{D}\left(fc - q|_{\eta=1}\right) \tag{3.2.9}$$

$$q|_{t=0} = q_0 \tag{3.2.10}$$

式中，无量纲数 $\eta = x/l$ 。吹扫气体中吸附质分子的浓度可表示为

$$c = -\frac{D}{k_f \cdot h \cdot l}\left.\frac{\partial q}{\partial \eta}\right|_{\eta=1} \tag{3.2.11}$$

从式（3.2.11）和式（3.2.9）中，可以得到

$$\left.\frac{\partial q}{\partial \eta}\right|_{\eta=1} = \frac{\alpha l}{D}\left[f\left(-\frac{D}{k_f \cdot h \cdot l}\left.\frac{\partial q}{\partial \eta}\right|_{\eta=1}\right) - q|_{\eta=1}\right] \tag{3.2.12}$$

进一步推导得

$$\left.\frac{\partial q}{\partial \eta}\right|_{\eta=1} = -\frac{\alpha l/D}{1 + \frac{\alpha}{k_f \cdot h}\cdot f}q|_{\eta=1} \tag{3.2.13}$$

吸附质分子在片状纳米多孔材料中的传质可以用无量纲形式描述如下：

$$\frac{\partial q}{\partial \tau} = \frac{\partial^2 q}{\partial \eta^2} \tag{3.2.14}$$

$$\left.\frac{\partial q}{\partial \eta}\right|_{\eta=0} = 0 \tag{3.2.15}$$

$$\left.\frac{\partial q}{\partial \eta}\right|_{\eta=1} = -H \cdot q|_{\eta=1} \tag{3.2.16}$$

$$q|_{\tau=0} = q_0 \tag{3.2.17}$$

式中，无量纲的参数分别定义为 $\tau = \frac{Dt}{l^2}$ ， $H = \frac{L}{1+Ff}$ ， $L = \frac{\alpha l}{D}$ ， $F = \frac{\alpha}{k_f \cdot h}$ 。

将上述方程进行 Laplace 变换，可以得到

$$\frac{\mathrm{d}^2 Q}{\mathrm{d}\eta^2} - Q \cdot s + q_0 = 0 \tag{3.2.18}$$

$$\left.\frac{\mathrm{d}Q}{\mathrm{d}\eta}\right|_{\eta=0} = 0 \tag{3.2.19}$$

$$\left.\frac{\mathrm{d}Q}{\mathrm{d}\eta}\right|_{\eta=1} = -H \cdot Q|_{\eta=1} \tag{3.2.20}$$

式中，Q 为 q 在拉普拉斯域中的对应变量；s 为拉普拉斯域中的 τ。下面给出方程式（3.2.18）的解

$$Q = a\cosh(\sqrt{s}\eta) + b\sinh(\sqrt{s}\eta) + \frac{q_0}{s} \tag{3.2.21}$$

式中，a 和 b 是常数。应用边界条件式（3.2.19），$b=0$。所以 Q 可以简化为

$$Q = a\cosh(\sqrt{s}\eta) + \frac{q_0}{s} \tag{3.2.22}$$

进一步通过边界条件式（3.2.20），可以得到 a 的值

$$a = \frac{-H \cdot \dfrac{q_0}{s}}{\sqrt{s} \cdot \sinh\sqrt{s} + H \cdot \cosh\sqrt{s}} \tag{3.2.23}$$

从而得到 Q 的表达式

$$Q = \frac{q_0}{s} - \frac{q_0}{s} \cdot \frac{H \cdot \cosh(\sqrt{s}\eta)}{\sqrt{s} \cdot \sinh\sqrt{s} + H \cdot \cosh\sqrt{s}} \tag{3.2.24}$$

Q 也可表示为

$$Q = \frac{q_0}{s} - \frac{q_0}{s} \cdot \frac{H \cdot \left[\exp(\sqrt{s}\eta) + \exp(-\sqrt{s}\eta)\right]}{(H+\sqrt{s}) \cdot \exp\sqrt{s} + (H-\sqrt{s}) \cdot \exp(-\sqrt{s})} \tag{3.2.25}$$

或者

$$\frac{Q}{q_0} = \frac{1}{s} - \frac{H \cdot \left[\exp(\sqrt{s}\eta) + \exp(-\sqrt{s}\eta)\right]}{s \cdot (H+\sqrt{s}) \cdot \exp\sqrt{s} \cdot \left[1 + \dfrac{H-\sqrt{s}}{H+\sqrt{s}}\exp(-2\sqrt{s})\right]} \tag{3.2.26}$$

根据下面的关系式

$$\frac{1}{1+\dfrac{H-\sqrt{s}}{H+\sqrt{s}}\exp(-2\sqrt{s})}=\sum_{n=0}^{\infty}(-1)^n\left(\frac{H-\sqrt{s}}{H+\sqrt{s}}\right)^n\exp(-2n\sqrt{s}) \tag{3.2.27}$$

式(3.2.26)可重新表达为

$$\frac{Q}{q_0}=\frac{1}{s}-\frac{H\cdot\left\{\exp[-(1-\eta)\sqrt{s}]+\exp[-(1+\eta)\sqrt{s}]\right\}}{s\cdot(H+\sqrt{s})}\cdot\sum_{n=0}^{\infty}(-1)^n\left(\frac{H-\sqrt{s}}{H+\sqrt{s}}\right)^n\exp(-2n\sqrt{s}) \tag{3.2.28}$$

或是

$$\begin{aligned}\frac{Q}{q_0}=\frac{1}{s}-\frac{H}{s\cdot(H+\sqrt{s})}\Bigg\{&\sum_{n=0}^{\infty}(-1)^n\left(\frac{H-\sqrt{s}}{H+\sqrt{s}}\right)^n\exp[-(2n+1-\eta)\sqrt{s}]\\ &+\sum_{n=0}^{\infty}(-1)^n\left(\frac{H-\sqrt{s}}{H+\sqrt{s}}\right)^n\exp[-(2n+1+\eta)\sqrt{s}]\Bigg\}\end{aligned} \tag{3.2.29}$$

当只考虑上述方程的第一项时，式(3.2.29)变为

$$\frac{Q}{q_0}=\frac{1}{s}-\frac{H}{s(H+\sqrt{s})}\left\{\exp\left[-(1-\eta)\sqrt{s}\right]+\exp\left[-(1+\eta)\sqrt{s}\right]+\cdots\right\} \tag{3.2.30}$$

根据拉普拉斯逆变换的关系：

$$\mathcal{L}^{-1}\left[\frac{H\exp(-k\sqrt{s})}{s(H+\sqrt{s})}\right]=-\exp\left(Hk+H^2\tau\right)\cdot\mathrm{erfc}\left(H\sqrt{\tau}+\frac{k}{2\sqrt{\tau}}\right)+\mathrm{erfc}\left(\frac{k}{2\sqrt{\tau}}\right) \tag{3.2.31}$$

对式(3.2.30)作逆变换，可得

$$\begin{aligned}\frac{q}{q_0}=1-\Bigg\{&\mathrm{erfc}\left(\frac{1-\eta}{2\sqrt{\tau}}\right)-\exp\left[H(1-\eta)+H^2\tau\right]\cdot\mathrm{erfc}\left(H\sqrt{\tau}+\frac{1-\eta}{2\sqrt{\tau}}\right)\\ &+\mathrm{erfc}\left(\frac{1+\eta}{2\sqrt{\tau}}\right)-\exp\left[H(1+\eta)+H^2\tau\right]\cdot\mathrm{erfc}\left(H\sqrt{\tau}+\frac{1+\eta}{2\sqrt{\tau}}\right)\Bigg\}\end{aligned} \tag{3.2.32}$$

在边界处，即 $\eta=1$，初始阶段 q 的表达式变为

$$\frac{q|_{\eta=1}}{q_0}=1-\left[1-\exp\left(H^2\tau\right)\cdot\mathrm{erfc}(H\sqrt{\tau})+\mathrm{erfc}\left(\frac{2}{2\sqrt{\tau}}\right)-\exp\left(2H+H^2\tau\right)\cdot\mathrm{erfc}\left(H\sqrt{\tau}+\frac{2}{2\sqrt{\tau}}\right)\right] \tag{3.2.33}$$

式 (3.2.33) 仅在脱附的初始阶段成立，且可进一步简化为

$$\frac{q\big|_{\eta=1}^{\tau\to0}}{q_0} = 1 - \left[1 - \exp\left(H^2\tau\right)\cdot\mathrm{erfc}(H\sqrt{\tau})\right] = \exp\left(H^2\tau\right)\cdot\mathrm{erfc}(H\sqrt{\tau}) \tag{3.2.34}$$

考虑到对称性，半个平板的脱附速率为

$$\frac{\mathrm{d}\left(\dfrac{m_t}{M}\right)}{\mathrm{d}t} = -D\cdot\frac{\partial q}{\partial x}\bigg|_{x=l}\cdot S \tag{3.2.35}$$

式中，m_t 为客体分子从初始时刻至 t 时刻离开半个颗粒的累积脱附量，kg；M 为吸附质分子的摩尔质量，kg/kmol；S 为平板其中一侧的面积，m^2。式 (3.2.35) 采用无量纲的形式写为

$$\frac{\mathrm{d}\left(\dfrac{m_t}{M\cdot V}\right)}{\mathrm{d}\tau} = -\frac{\partial q}{\partial \eta}\bigg|_{\eta=1} \tag{3.2.36}$$

式中，$V = S\cdot l$，V 为半平面板的体积，m^3。

根据边界条件，即式 (3.2.16) $\dfrac{\partial q}{\partial \eta}\bigg|_{\eta=1} = -H\cdot q\big|_{\eta=1}$，式 (3.2.36) 可被重写为

$$\frac{\mathrm{d}\left(\dfrac{m_t}{M\cdot V}\right)}{\mathrm{d}\tau} = H\cdot q\big|_{\eta=1} \tag{3.2.37}$$

根据式 (3.2.37) 和式 (3.2.34)，当 τ 很小时，可以得到

$$\frac{m_t}{MV} = \int_0^\tau H\cdot q\big|_{\eta=1}\,\mathrm{d}\tau = \int_0^\tau Hq_0\exp\left(H^2\tau\right)\mathrm{erfc}(H\sqrt{\tau})\,\mathrm{d}\tau \tag{3.2.38}$$

或是

$$\frac{m_t}{m_\infty} = H\int_0^\tau \exp\left(H^2\tau\right)\mathrm{erfc}(H\sqrt{\tau})\,\mathrm{d}\tau \tag{3.2.39}$$

式中，$m_\infty = q_0\cdot M\cdot V$，式 (3.2.39) 可以进一步写成

$$\frac{m_t}{m_\infty} = \sqrt{\frac{4\tau}{\pi}} - \frac{1 - \exp\left(H^2\tau\right)\mathrm{erfc}(H\sqrt{\tau})}{H} \tag{3.2.40}$$

考虑到 $\tau = \dfrac{Dt}{l^2}$，可定义一个自变量为 ξ 的函数

$$f(\xi) \equiv \sqrt{\dfrac{4D}{\pi l^2}}\,\xi - \dfrac{1 - \exp\left(H^2 \dfrac{D}{l^2}\xi^2\right)\mathrm{erfc}\left(H\sqrt{\dfrac{D}{l^2}}\,\xi\right)}{H} \tag{3.2.41}$$

式中，$\xi = \sqrt{t}$。

将函数 $f(\xi)$ 进行泰勒展开

$$f(\xi) = f(0) + f'(0)\xi + \dfrac{f''(0)}{2l}\xi^2 + O(\xi^3) \tag{3.2.42}$$

其中

$$f(0) = \sqrt{\dfrac{4D}{\pi l^2}} \cdot 0 - \dfrac{1 - \exp\left(H^2 \dfrac{D}{l^2} \cdot 0^2\right)\mathrm{erfc}\left(H\sqrt{\dfrac{D}{l^2}} \cdot 0\right)}{H} = 0 \tag{3.2.43}$$

$$
\begin{aligned}
f'(0) = \sqrt{\dfrac{4D}{\pi l^2}} + \dfrac{1}{H}\Bigg[&\exp\left(H^2 \dfrac{D}{l^2} \cdot 0\right) \cdot H^2 \dfrac{D}{l^2} \cdot 2 \cdot 0 \cdot \mathrm{erfc}\left(H\sqrt{\dfrac{D}{l^2}} \cdot 0\right) \\
&+ \exp\left(H^2 \dfrac{D}{l^2} \cdot 0^2\right)\left[-\dfrac{2}{\sqrt{\pi}}\exp\left(H^2 \dfrac{D}{l^2} \cdot 0^2\right) \cdot H \cdot \sqrt{\dfrac{D}{l^2}}\right]\Bigg] = 0
\end{aligned}
\tag{3.2.44}
$$

$$f''(0) = \dfrac{1}{H} \cdot H^2 \cdot \dfrac{D}{l^2} \cdot 2 = \dfrac{L}{1 + Ff} \cdot \dfrac{D}{l^2} \cdot 2 = 2\dfrac{\alpha}{l} \cdot \dfrac{1}{1 + Ff} \tag{3.2.45}$$

最后，可以得到初始阶段的脱附表达式

$$\left.\dfrac{m_t}{m_\infty}\right|^{t \to 0} = \dfrac{\alpha}{l} \cdot \dfrac{1}{1 + F \cdot f} \cdot (\sqrt{t})^2 \tag{3.2.46}$$

式中，$F = \dfrac{\alpha}{k_f h}$。这里再对各参数的含义重复说明，以便更明确地了解表面渗透率与初始脱附质量的定量关系。α 为表面渗透率，m/s；f 为无量纲的亨利常数；l 为平板一半的长度，m；m_t 为在 t 时刻下吸附质分子从纳米多孔晶体材料中脱附的质量，kg。从式 (3.2.46) 中看出，初始阶段吸附质的脱附速率与晶内扩散系数无关，通过此式拟合初始阶段的吸附质脱附速率曲线，即可测得分子筛的表面渗透率。

3.2.2　表面传质阻力系数的测量方法

1) 测试方法

零长柱法因其装置简单易搭建、测试便捷、对测试样品及条件友好，且结果精确等优点广泛地用于多孔材料的扩散行为研究。测试原理是通过引入载气吹扫饱和吸附的分子筛，检测并记录各时刻下脱附出的吸附质浓度信号，利用适宜的数学模型对脱附速率

曲线处理即可求出扩散系数。利用式(3.2.46)可以实现直接测量吸附质在多孔晶体材料上的表面渗透率。

2)测试步骤

(1)将 5mg 左右(根据零长柱的数学模型假设,待测介质的质量应尽量少)的待测纳米多孔晶体材料装入零长柱的直通内,柱箱温度升至200℃并采用高流速(如100mL/min)的载气吹扫待测介质持续 8h 以上。

(2)完成样品预处理后,向体系内通入低浓度的吸附质气体(常压下可采用氮气作为稀释气),待检测器记录的浓度信号在最高值上下浮动不超过 1%,证明样品达到吸附平衡。

(3)在吸附平衡后,切换体系进气为纯氮气吹扫样品,脱附初始时刻的吸附质分子浓度信号记为 I_{max}(需要注意的是:确定脱附初始时刻应先排除死体积对测试造成的影响),各时刻下的吸附质分子浓度信号记为 I_t,脱附结束时基线信号值记为 I_0。

(4)利用式(3.2.47)处理检测器记录的浓度信号,计算各时刻下的脱附浓度 c_t,获得以最高浓度值 c_0 为基准的归一化脱附浓度随脱附时间的变化曲线。

$$\frac{c_t}{c_0} = \frac{I_t - I_0}{I_{max} - I_0} \tag{3.2.47}$$

(5)通过将脱附浓度对时间积分,根据式(3.2.48),可获得归一化的脱附质量随时间的变化关系曲线。

$$\frac{m_t}{m_\infty} = \frac{\int_0^t c_t \cdot V \cdot M dt}{\int_0^{t_\infty} c_t \cdot V \cdot M dt} = \frac{\int_0^t c_t dt}{\int_0^{t_\infty} c_t dt} \tag{3.2.48}$$

(6)根据式(3.2.46),拟合步骤(5)所得的脱附速率曲线的初始阶段,可得到表面渗透率 α。

采用式(3.2.48)是为了获取晶体的相对脱附量,因此需根据装置的特点排除死体积,并确保式(3.2.48)中的浓度是真正源自晶体的脱附。下一章会给出更具体的说明。若有其他手段直接测出相对脱附量,则无需采用式(3.2.48)。

3.2.3 表面传质的应用

1)采用不同方法测得的乙烷扩散系数比较

在以往的扩散研究中,不同测量方法测得的有效扩散系数常有较大差距,产生这些差距的原因部分与表面阻力有关。在这里,比较了零长柱(ZLC)和 PFG NMR 法测量 SAPO-34 中乙烷扩散的结果。首先,利用分子筛的饱和吸附曲线[图 3.2.1(a)]以及扫描电子显微镜图像[图 3.2.1(b)],可以获取测量公式所需的亨利系数和晶体大小。进一步,根据初始阶段的脱附曲线以及全时间段的整体脱附曲线(图 3.2.2),即可计算传质系数。

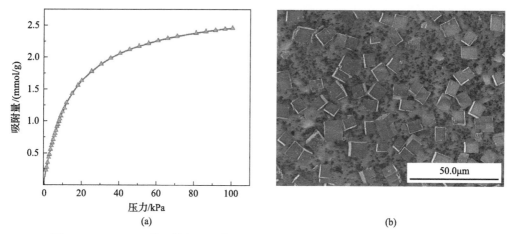

(a)   (b)

图 3.2.1   SAPO-34 分子筛的乙烷等温饱和吸附曲线和场发射扫描电子显微镜图像

(a) 30℃时乙烷在 SAPO-34(7μm) 中的等温饱和吸附曲线；(b) SAPO-34(7μm) 的场发射扫描电子显微镜(FESEM)图像

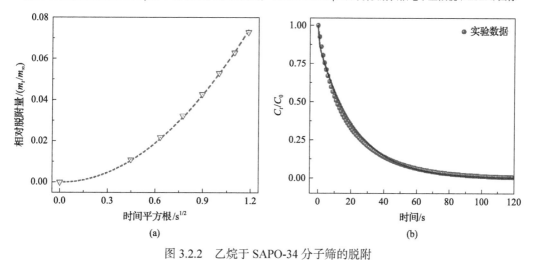

(a)   (b)

图 3.2.2   乙烷于 SAPO-34 分子筛的脱附

(a) 乙烷在 SAPO-34(7μm) 分子筛初始阶段脱附速率曲线；(b) 乙烷在 SAPO-34(7μm) 分子筛脱附速率曲线

测量结果表明，初始阶段相对脱附量与式(3.2.46)拟合良好，得到的渗透率 $\alpha=2.6\times10^{-7}$m/s。在已知表面渗透率的情况下，通过拟合全时脱附曲线可进一步计算晶内扩散系数 $D=2.01\times10^{-12}$m²/s（具体参考 4.1.2 节），拟合效果如图 3.2.2 所示。

如图 3.2.3 所示，利用常规零长柱法测量得到的有效扩散系数为 1.84×10^{-13}m²/s[28]，明显低于晶内扩散系数。通常，有效扩散系数也可以通过下式估算

$$\frac{1}{D_{\text{eff}}}=\frac{1}{D}+\frac{3}{\alpha l} \tag{3.2.49}$$

由式(3.2.49)得到的 SAPO-34 沸石中乙烷的有效扩散系数为 1.39×10^{-13}m²/s，与通过零长柱测量长时间法处理得到的有效扩散系数相近，验证了所提出模型的有效性且表明表面阻力是有效扩散系数显著降低的主要原因。进而，我们采用 PFG NMR 技术测量本样品中的乙烷的自扩散系数为 $D=5.0\times10^{-12}$m²/s。通过 PFG NMR 测量的晶内自扩散系数与

使用式(4.1.26)得到的晶内扩散系数较为接近,且远高于通过常规方法测量的有效扩散系数。这进一步验证了表面传质阻力可以主导沸石晶体中的整体扩散(忽略表面阻力可能会导致通过不同技术测量出不同有效扩散系数)并且客体分子在足够低的负载下的晶内扩散系数接近于自扩散系数。

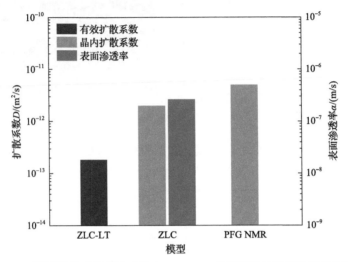

图 3.2.3　不同测量技术得到的乙烷在 SAPO-34 分子筛的扩散系数及表面渗透率

2)测量 SAPO-34 分子筛中丙烷的吸附和脱附过程的表面渗透率

吸附和脱附过程的表面阻力是否对称,尚缺乏实验证明。为了研究这个问题,初步比较了分别由 IGA 和 ZLC 测量的 SAPO-34 中丙烷的表面渗透率和晶内扩散系数。其中 ZLC 主要监测客体分子的脱附过程,而 IGA 记录吸附速率。IGA 和 ZLC 测得的该样品中丙烷的晶内扩散系数分别为 $D_{IGA} = 8.66 \times 10^{-17} m^2/s$ 和 $D_{ZLC} = 5.36 \times 10^{-17} m^2/s$,表面渗透率分别为 $\alpha_{IGA} = 1.37 \times 10^{-9} m/s$ 和 $\alpha_{ZLC} = 2.04 \times 10^{-9} m/s$。另一个样品即 SAPO-34(2μm),由具有窄尺寸分布的 2μm 沸石晶体组成(图 3.2.4)。测量结果表明,该样品 IGA 和 ZLC

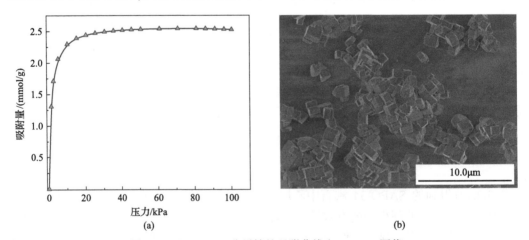

图 3.2.4　SAPO-34 分子筛的吸附曲线和 FESEM 图像

(a)40℃时丙烷在 SAPO-34(2μm)中的等温饱和吸附曲线；(b)SAPO-34(2μm)的 FESEM 图像

测量的表面渗透率结果大致相同（$\alpha_{IGA} = 2.44 \times 10^{-9}$ m/s 和 $\alpha_{ZLC} = 2.13 \times 10^{-9}$ m/s）。相似的表面渗透率可能表明表面传质阻力存在对称性，即纳米晶材料中客体分子的吸附和脱附受到相同的表面阻力约束。这仅是一些初步的工作，围绕表面阻力的对称性仍需要进一步的系统研究。

3) 定量表面改性样品的表面渗透率

为了进一步验证该方法的通用性，对文献[29]中已经报道的数据进行了重新处理。在最近的一项工作中，Hu 等[29]通过液相沉积法改变 β 沸石的表面性质，以期望增加分子筛的表面渗透率，从而提高正戊烷异构化的催化效率。在这里，使用所建立的方法拟合了他们的实验数据。在图 3.2.5 中，可以看出，二氧化硅沉积的样品（Beta-M）的表面渗透率比原始样品（Beta-P）几乎翻了一番，而晶内扩散系数则几乎保持不变。这直接证实了修饰后样品表面渗透率的提高。

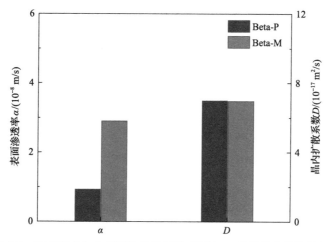

图 3.2.5　正戊烷在 β 分子筛的传质系数（根据 3.2 节所提出的数学方法）

3.3　小　　结

本章详细推导了在等压吸附和对流状态下分子筛表面传质系数的理论公式，并根据这些公式发展了测量表面传质系数的方法，应用所发展的方法，对表面传质的性质作了初步的研究。相比于晶内扩散，对分子筛表面传质的研究仍显不足，分子筛表面传质对催化过程的影响机制尚不清晰。发展定量测量表面传质的方法有助于推动相关研究的开展。

本章参考文献

[1] 刘中民. 甲醇制烯烃. 北京: 科学出版社, 2015.

[2] Bülow M, Struve P, Finger G, et al. Sorption kinetics of *n*-hexane on MgA zeolites of different crystal sizes. Study of the rate-limiting transport mechanism. Journal of the Chemical Society, Faraday Transactions 1: Physical Chemistry in Condensed

Phases, 1980, 76(0): 597-615.

[3] Saint Remi J C, Lauerer A, Chmelik C, et al. The role of crystal diversity in understanding mass transfer in nanoporous materials. Nature Materials, 2016, 15(4): 401-406.

[4] Kärger J, Binder T, Chmelik C, et al. Microimaging of transient guest profiles to monitor mass transfer in nanoporous materials. Nature Materials, 2014, 13(4): 333-343.

[5] Kärger J. In-depth study of surface resistances in nanoporous materials by microscopic diffusion measurement. Microporous and Mesoporous Materials, 2014, 189: 126-135.

[6] Tzoulaki D, Heinke L, Schmidt W, et al. Exploring crystal morphology of nanoporous hosts from time-dependent guest profiles. Angewandte Chemie-International Edition, 2008, 47(21): 3954-3957.

[7] Teixeira A R, Chang C C, Coogan T, et al. Dominance of surface barriers in molecular transport through silicalite-1. Journal of Physical Chemistry C, 2013, 117(48): 25545-25555.

[8] Teixeira A R, Qi X, Conner W C, et al. 2D surface structures in small zeolite MFI crystals. Chemistry of Materials, 2015, 27(13): 4650-4660.

[9] Teixeira A R, Qi X D, Chang C C, et al. On asymmetric surface barriers in MFI zeolites revealed by frequency response. Journal of Physical Chemistry C, 2014, 118(38): 22166-22180.

[10] Zimmermann N E R, Balaji S P, Keil F J. Surface barriers of hydrocarbon transport triggered by ideal zeolite structures. Journal of Physical Chemistry C, 2012, 116(5): 3677-3683.

[11] Zimmermann N E R, Smit B, Keil F J. Predicting local transport coefficients at solid-gas interfaces. Journal of Physical Chemistry C, 2012, 116(35): 18878-18883.

[12] Zimmermann N E R, Zabel T J, Keil F J. Transport into nanosheets: diffusion equations put to test. Journal of Physical Chemistry C, 2013, 117(14): 7384-7390.

[13] Zimmermann N E R, Smit B, Keil F J. On the effects of the external surface on the equilibrium transport in zeolite crystals. Journal of Physical Chemistry C, 2010, 114(1): 300-310.

[14] Chen D, Rebo H P, Holmen A. Diffusion and deactivation during methanol conversion over SAPO-34: a percolation approach. Chemical Engineering Science, 1999, 54(15-16): 3465-3473.

[15] Gao M, Li H, Yang M, et al. Direct quantification of surface barriers for mass transfer in nanoporous crystalline materials. Communications Chemistry, 2019, 2.

[16] Zhang L, Chmelik C, van Laak A N C, et al. Direct assessment of molecular transport in mordenite: Dominance of surface resistances. Chemical Communications, 2009(42): 6424-6426.

[17] Heinke L, Gu Z, Wöll C. The surface barrier phenomenon at the loading of metal-organic frameworks. Nature Communications, 2014, 5: 4562-4567.

[18] Kärger J, Binder T, Chmelik C, et al. Microimaging of transient guest profiles to monitor mass transfer in nanoporous materials. Nature Materials, 2014, 13(4): 333-343.

[19] Remi J C S, Lauerer A, Chmelik C, et al. The role of crystal diversity in understanding mass transfer in nanoporous materials. Nature Materials, 2016, 15(4): 401-406.

[20] Chen D, Rebo H P, Moljord K, et al. Methanol conversion to light olefins over SAPO-34. Sorption, diffusion, and catalytic reactions. Industrial & Engineering Chemistry Research, 1999, 38(11): 4241-4249.

[21] Beerdsen E, Smit B, Dubbeldam D. Molecular simulation of loading dependent slow diffusion in confined systems. Physical Review Letters, 2004, 93(24): 248301.

[22] Beerdsen E, Dubbeldam D, Smit B. Molecular understanding of diffusion in confinement. Physical Review Letters, 2005, 95(16): 164505.

[23] Beerdsen E, Dubbeldam D, Smit B. Understanding diffusion in nanoporous materials. Physical Review Letters, 2006, 96(4): 044501.

[24] Chmelik C, Bux H, Caro J, et al. Mass transfer in a nanoscale material enhanced by an opposing flux. Physical Review Letters,

2010, 104(8): 085902.

[25] Tzoulaki D, Heinke L, Castro M, et al. Assessing molecular transport properties of nanoporous materials by interference microscopy: Remarkable effects of composition and microstructure on diffusion in the silicoaluminophosphate zeotype STA-7. Journal of the American Chemical Society, 2010, 132(33): 11665-11670.

[26] Wloch J. Effect of surface etching of ZSM-5 zeolite crystals on the rate of *n*-hexane sorption. Microporous Mesoporous Mater, 2003, 62(1): 81-86.

[27] Tzoulaki D, Schmidt W, Wilczok U, et al. Formation of surface barriers on silicalite-1 crystal fragments by residual water vapour as probed with isobutane by interference microscopy. Microporous and Mesoporous Materials, 2008, 110(1): 72-76.

[28] Eic M, Ruthven D M. A new experimental technique for measurement of intracrystalline diffusivity. Zeolites, 1988, 8(1): 40-45.

[29] Hu S, Liu J, Ye G, et al. Effect of external surface diffusion barriers on Pt/Beta catalyzed isomerization of *n*-pentane. Angewandte Chemie International Edition, 2021, 60(26): 14394-14398.

第4章

分子筛晶体的晶内扩散

分子筛的晶内扩散在催化反应中扮演着重要角色。长期以来分子筛的扩散一直是关注的焦点，但传统的测量方法往往忽略了表面传质的影响，因此得到的扩散系数实际上是有效扩散系数。这也在一定程度上导致不同测量手段得到的扩散系数值存在差异。在本章中，作者在第3章表面传质系数测量的基础上，继续发展晶内扩散系数的测量方法，详细介绍了等压吸附和对流状态下的测量方法，并对晶内扩散系数与分子筛拓扑结构的关系进行了理论关联。

4.1　晶内扩散系数的测量方法

在过去的 50 年里，为加深理解微孔材料内分子的传输机制，众多研究者发展了多种测量扩散的实验方法。根据客体分子在多孔材料中所处的物理状态，可以将测量方法分为平衡或非平衡方法。另外，实验测量中根据所经历的扩散路径长度，还可以将方法进行如下区分。

（1）宏观法：在扩散时间内，分子的扩散路径超出了单个晶粒的尺寸，即扩散发生在晶粒聚集体内。宏观法包含了分子吸附、脱附和晶内扩散等过程，测量过程在存在浓度梯度的非平衡条件下进行，得到的是传输扩散系数。例如，重量法、零长柱法、膜渗透法、频率响应法等。

（2）微观法：在扩散时间内，分子一直在同一晶粒内运动，不受晶体边界的干扰。因此微观法测量的尺度小于一个晶粒的尺寸，得到的是晶内扩散系数或者自扩散系数。例如，脉冲梯度场核磁共振（PFG NMR）技术[1]、准弹性中子散射（QENS）法[2]等。

由于扩散测量原理不同，不同方法测得的扩散系数也不同。图 4.1.1 显示了这几种方法所得扩散系数的范围。由于热效应、材料的不均一性、表面效应以及不同的测量条件，分子的动力学过程并不完全受晶内扩散控制。总体来讲，宏观方法所测得的扩散系数（$10^{-16} \sim 10^{-9}$）要小于微观方法测得的扩散系数（$10^{-12} \sim 10^{-8}$）。另外，除了实验方法，近几年理论模拟方法在扩散研究中也发挥着重要的作用。微观法测得的扩散系数可以直接与分子动力学（MD）模拟[3]的扩散系数进行比较。微观法和理论模拟结合有助于更深入研究客体分子在多孔材料中的吸附和扩散动力学行为。

表 4.1.1 列出了主要的宏观和微观测量方法。在选取测量方法时，需要考虑：①所关心的体系是平衡体系还是非平衡体系，气固两相催化过程一般属于非平衡体系，需要获

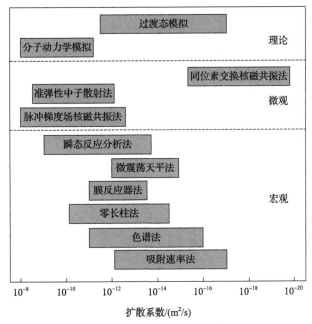

图 4.1.1　不同扩散测量方法测量的扩散系数范围

取传输扩散系数；②客体分子在孔道材料内扩散系数的数量级；③客体分子在材料内是否发生化学反应或者其反应的起始温度，要确保测试过程中没有化学反应发生。

客体分子在分子筛上的传质过程受表面阻力和晶内扩散两种机制的共同作用。晶内扩散与分子筛的拓扑结构、酸性、客体分子浓度和主-客体作用关系等因素相关。为探究晶内扩散的作用机制，阐明扩散对反应带来的影响，发展晶内扩散系数的测量方法显得尤为必要，如 3.1 节所述，多数实验方法测得的有效扩散系数还无法精确地定量晶内扩散和表面阻力的作用。因此，以建立具有清晰物理意义的传质理论表达式为基础，发展可以测量晶内扩散系数的实验方法成为一个亟待解决的挑战。借助可以直接定量晶内扩散和表面阻力的实验方法，研究者可以对扩散机制进行系统深入的研究，为揭示微观的传质机理提供基础。本节分别介绍了在考虑等压吸附或者对流状态下，如何推导分子筛晶体内传质理论表达式，并以此为基础进一步发展晶内扩散系数测试方法。

4.1.1　等压吸附下的晶内扩散系数

1) 测试方法的理论公式

对于等压吸附法，可利用式 (4.1.1) 的双阻力模型 (DRM) 拟合整体吸附速率曲线得到晶内扩散系数。需注意的是，双阻力模型中的表面渗透率应预先给定 (测试表面渗透率的方法见 3.1.2 小节)。

$$\frac{m_t}{m_\infty} = 1 - \sum_{n=1}^{\infty} \frac{2L^2 \exp\left(-\frac{\beta_n^2 Dt}{l^2}\right)}{\beta_n^2(\beta_n^2 + L^2 + L)}, \quad \beta_n \tan \beta_n = L = \frac{\alpha l}{D}, \qquad \beta_n > 0 \qquad (4.1.1)$$

表 4.1.1　常用分子传输扩散与自扩散的宏观与微观测量方法

测量方法	基本原理	特点	测量范围
吸附(uptake)速率法[4]	在定温条件下通入组分，保持组分的压力，通过检测单一组分的特征信号，如质量变化随着时间的变化获得吸附速率曲线	单一组分；催化剂用量少；没有化学反应的前提下能够用于高温条件；需要排除外扩散与热效应的影响	取决于样品的粒度大小与仪器的时间分辨率；传输扩散系数
色谱法[5]	组分吸附饱和后通入惰性气体对所测组分进行脱附，通过色谱记录组分的脱附曲线	实验速度快；通过连续流动消除了外扩散；存在轴向扩散；涉及至少双组分；待测组分处于Henry吸附区域，催化剂用量大	数学模型复杂，难以获得定量的扩散系数；传输扩散系数
零长柱(ZLC)法[6,7]	针对色谱法的样品池系统近于全混流反应器	消除了轴向扩散；催化剂用量小；涉及至少双组分；组分需要处于Henry吸附区域，难以用于快速扩散体系	$10^{-14} \sim 10^{-10} \, m^2/s$；传输扩散系数
频率响应(FR)法[8]	定体积储气腔中待测组分在催化剂上吸附平衡后，施加周期扰动，记录体系重新达到平衡的时间	催化剂用量小；消除外扩散；热效应与轴向扩散；实验耗时；难以用于慢速扩散体系	数学定量解析困难；传输扩散系数
膜反应器法[9]	以催化剂膜材料两侧的压力差为驱动力，测出气相组分通过膜材料的通量	实验耗时短；可用于多组分测量；需要预先获得等温吸附参数；膜材料制备繁琐，引入了黏结剂	受限于通量测试下限；传输扩散系数
脉冲梯度场核磁共振(PFG NMR)法[10,11]	施加线性梯度磁场后，通过NMR检测出由于分子运动而产生的相位差，获得核磁共振信号，通过自旋回波衰减斯泰斯卡尔-坦纳(Stejskal-Tanner)方程求解自扩散系数	催化剂用量较大；难以用于高晶体系测试；所需催化剂粒度较大；能够区分出晶内扩散、晶外扩散及同一催化剂中不同孔道内的扩散	大于 $10^{-13} \, m^2/s$；自扩散系数
准弹性中子散射(QENS)法[2,12]	入射的中子流与运动的分子发生弹性碰撞时会产生能量传递，测碰撞后散射光的能量，可得到自扩散信息	实验中扩散路径不能超过10nm；将分子扩散进入催化剂内部的扩散过程	大于 $10^{-14} \, m^2/s$；自扩散系数
干涉显微镜(IFM)法	根据不同浓度分子引起的光程的不同，将分子浓度响应信息催化剂孔空间非均匀转换为分子浓度信息，以获得分子浓度的时空演化曲线	首次"看见"分子在催化剂内部的扩散过程，具有里程碑式的意义；只适用于晶体材料；要求晶体粒度在20μm以上	受限于信号采集的时间，难以用于快速扩散体系；传输扩散系数
红外显微镜(IRM)法	将红外光谱信号与分子浓度相对应，并且通过不同红外特征峰分辨出待定分子，以获得催化剂内分子的时空演化曲线	适用于催化剂颗粒；分辨率较低，要求晶体粒度20μm以上	受限于信号采集的时间，难以用于快速扩散体系；传输扩散系数与自扩散系数

式中，m_t/m_∞ 为归一化的吸附客体分子质量分数；t 为吸附时间，s；D 为晶内扩散系数，m^2/s；α 为表面渗透率，m/s。

2) 测试步骤 (预处理及实验测试操作同 3.1.1 小节)

(1) 记录各时刻下分子筛介质的吸附量 μ_t，分子筛介质的饱和吸附量 μ_∞，初始时刻的分子筛吸附量 μ_0，直至分子筛吸附达到平衡完成测量。

(2) 利用式 (3.1.30) 进行数据处理，得到以饱和吸附量为基底的归一化的吸附量随时间变化曲线。

$$\frac{m_t}{m_\infty} = \frac{\mu_t - \mu_0}{\mu_\infty - \mu_0} \tag{4.1.2}$$

(3) 利用式 (4.1.1) 对步骤 (2) 所得的曲线进行拟合，即可得到晶内扩散率 D。需要注意的是，拟合公式中含有表面渗透率的影响，需预先测量得到并代入公式中。

3) 测试说明及实例

测试装置：IGA。

测试任务：40℃下丙烷在 SAPO-34 中的晶内扩散系数。

已知测试样品为 SAPO-34 分子筛，其晶体粒度大致分布在 1~3μm，平均粒径为 2μm。取 30mg 待测分子筛样品 (40~60 目) 放置于自制网状样品池中 (避免外扩散的影响)，将体系压力抽真空至 10^{-6}mbar，调节温度至 350℃并保持 6h，完成对测试样品的预处理。通入预先设定压力下的丙烷，使 SAPO-34 吸附丙烷分子，用微天平记录分子筛质量随时间的变化。待质量保持不变，说明体系达到平衡，实验测试完成。根据 3.1.1 小节所述的方法，得到 40℃下丙烷在此 SAPO-34 中的表面渗透率 $\alpha = 2.44 \times 10^{-9}$m/s，带入式 (4.1.1) 中，进一步拟合全部的吸附速率曲线得到晶内扩散系数 $D = 2.94 \times 10^{-16}$m²/s。将拟合得到的表面渗透率和晶内扩散系数代入传质理论表达式，理论拟合曲线与实验数据比较 (图 4.1.2)，

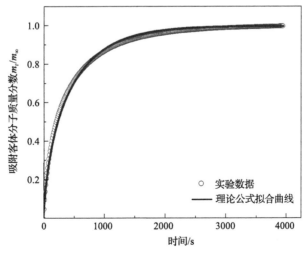

图 4.1.2　40℃下 SAPO-34 分子筛上丙烷的吸附速率曲线和理论拟合结果 (实验数据采用 IGA 方法测量得到)

判定系数 R^2=0.99。证明拟合得到的晶内扩散系数较为符合实验数据。

4.1.2 对流状态下的晶内扩散系数

1) 测试方法的理论公式推导

客体分子在平板型纳米多孔晶体材料上的传质过程采用无量纲形式,可写成(推导见 3.2.1 小节)

$$\frac{\partial q}{\partial \tau} = \frac{\partial^2 q}{\partial \eta^2} \tag{4.1.3}$$

$$\left.\frac{\partial q}{\partial \eta}\right|_{\eta=0} = 0 \tag{4.1.4}$$

$$\left.\frac{\partial q}{\partial \eta}\right|_{\eta=1} = -\frac{L}{1+Ff} \cdot q|_{\eta=1} = -H \cdot q|_{\eta=1} \tag{4.1.5}$$

$$q|_{\tau=0} = q_0 \tag{4.1.6}$$

式中,无量纲的参数分别定义为 $\tau = \frac{Dt}{l^2}$,$F = \frac{\alpha}{k_f h}$,$H = \frac{L}{1+Ff}$,以及 $L = \frac{\alpha l}{D}$。这里 L 为晶内扩散的特征时间与表面阻力的特征时间之比;D 为晶内扩散系数,m²/s;t 为脱附时间,s;l 为平面薄片的半厚度,m;α 为表面渗透率,m/s;k_f 为吹扫体积流量与空隙体积的比值,1/s;h 定义为 $h = V_p \cdot \varepsilon / [S_p \cdot (1-\varepsilon)]$,m;$\varepsilon$ 为纳米多孔材料床层的空隙率,无量纲;V_p 为晶体总体积,m³;S_p 为晶体总表面积,m²;f 为无量纲的亨利常数。

采用变量分离法,吸附分子的浓度可以描述为

$$q = X(\eta)T(\tau) \tag{4.1.7}$$

而后,式(4.1.2)可写为

$$\frac{T'(\tau)}{T(\tau)} = \frac{X''(\eta)}{X(\eta)} = -\lambda \tag{4.1.8}$$

只有当 $\lambda > 0$ 时,方程有解。因此在这种情况下,设 $k = \sqrt{\lambda}$ $(k>0)$,可进一步获得

$$X''(\eta) + k^2 X(\eta) = 0 \tag{4.1.9}$$

此方程的解可表示成

$$X(\eta) = A\cos(k\eta) + B\sin(k\eta) \tag{4.1.10}$$

式中,A 和 B 为两个常数,而后根据式(4.1.4)中描述的边界条件,可推导得到 B=0。所以,式(4.1.10)可简单表示为

$$X(\eta) = A\cos(k\eta) \tag{4.1.11}$$

根据式(4.1.5)和式(4.1.7)，推导可得

$$X'(\eta)\big|_{\eta=1} = -H \cdot X(\eta) \tag{4.1.12}$$

而后，从式(4.1.12)和式(4.1.11)中，又可得

$$-A \cdot k \sin k = -H \cdot A \cos k \tag{4.1.13}$$

或者表示为

$$\cot k = \frac{1}{H} \cdot k \tag{4.1.14}$$

式(4.1.14)中，超越方程的一系列的解可被求出，记作 k_n（$k_n > 0$，$n = 1, 2, 3, 4 \cdots$）。对应的函数 X_n 可进一步表达成

$$X_n(\eta) = A_n \cos(k_n \eta) \tag{4.1.15}$$

而后，根据式(4.1.7)和式(4.1.8)，容易推导吸附质分子浓度的表达式，写为

$$q(\eta, \tau) = \sum_{n=1}^{\infty} C_n \mathrm{e}^{-k_n^2 \tau} \cos(k_n \eta) \tag{4.1.16}$$

考虑到传质方程的初始条件[式(4.1.6)]，纳米晶体脱附阶段前的吸附质饱和吸附浓度 q_0 可表示如下：

$$q_0 = \sum_{n=1}^{\infty} C_n \cos(k_n \eta) \tag{4.1.17}$$

而后根据关系式

$$\int_0^1 \cos(k_m \eta) \cos(k_n \eta) \mathrm{d}\eta = \frac{1}{2}\left[1 + \frac{\sin(2k_n)}{2k_n}\right] \delta_{mn} \tag{4.1.18}$$

其中，当 $m = n$ 时，$\delta_{mn} = 1$；当 $m \neq n$ 时，$\delta_{mn} = 0$。则容易得到 C_n 为

$$C_n = \frac{2}{1 + \dfrac{\sin(2k_n)}{2k_n}} \int_0^1 q_0 \cos(k_n x) \mathrm{d}x = \frac{2}{1 + \dfrac{\sin(2k_n)}{2k_n}} q_0 \frac{\sin k_n}{k_n} = \frac{4q_0 \sin k_n}{2k_n + \sin(2k_n)} \tag{4.1.19}$$

因此，纳米多孔晶体材料内吸附质浓度 q 的解可表示成

$$q(\eta, \tau) = q_0 \left[\sum_{n=1}^{\infty} \frac{4q_0 \sin k_n}{2k_n + \sin(2k_n)} \exp(-k_n^2 \tau) \cos(k_n \eta)\right] \tag{4.1.20}$$

或者

$$\frac{q(\eta, t)}{q_0} = \sum_{n=1}^{\infty} \frac{4 \sin k_n}{2k_n + \sin(2k_n)} \exp(-k_n^2 \tau) \cos(k_n \eta) \tag{4.1.21}$$

将式(4.1.21)中的自变量替换为 x、t，可重新表达成

$$\frac{q(x,t)}{q_0} = \sum_{n=1}^{\infty} \frac{4\sin k_n}{2k_n + \sin(2k_n)} \exp\left(-k_n^2 \frac{D}{l^2} t\right) \cos\left(k_n \frac{x}{l}\right) \qquad (4.1.22)$$

在平板的边界处，可采用下式描述

$$\frac{q(l,t)}{q_0} = \sum_{n=1}^{\infty} \frac{2\sin(2k_n)}{2k_n + \sin(2k_n)} \exp\left(-k_n^2 \frac{D}{l^2} t\right) \qquad (4.1.23)$$

此处需要注意的是，吸附质分子在流动气相中的浓度 c 和纳米晶体材料固相中的浓度 q 两者间的关系。基于 $\frac{dc}{dt} = 0$ 的假设，两者的关系可表示为式(3.2.6)。然而，从式(3.2.6)和式(3.2.3)中，也可以将两者关系写成如下形式：

$$c(t) = \frac{F}{1 + Ff} q(l,t) \qquad (4.1.24)$$

从式(4.1.24)可以看出，气相中吸附质的浓度与纳米多孔材料边界的浓度呈线性关系。因此，可得到以下关系

$$\frac{c(t)}{\lim\limits_{t\to 0+} c(t)} = \frac{q(l,t)}{\lim\limits_{t\to 0+} q(l,t)} \qquad (4.1.25)$$

然后，基于式(4.1.23)，ZLC 的吸附质浓度脱附曲线可以描述为

$$\frac{c(t)}{c_0} = \sum_{n=1}^{\infty} \frac{2\sin(2k_n)}{2k_n + \sin(2k_n)} \exp\left(-k_n^2 \frac{D}{l^2} t\right) \qquad (4.1.26)$$

式中，$c_0 = \lim\limits_{t\to 0+} c(t) = c(0+)$，$k_n$ 为方程(4.1.14)的解（$k_n > 0, n = 1,2,3,4\cdots$）。利用式(4.1.14)，式(4.1.26)可变为

$$\frac{c(t)}{c_0} = \sum_{n=1}^{\infty} \frac{zH}{k_n^2 + H^2 + H} \exp\left(-k_n^2 \frac{D}{l^2} t\right) \qquad (4.1.27)$$

根据式(4.1.26)，对零长柱法测得的吹扫状态下吸附质分子的脱附浓度信号曲线进行全时间拟合，即可得到晶内扩散系数 D。

2) 测试步骤

(1) 检测器记录各时刻下体系出口的吸附质分子浓度信号 I_t、脱附初值时刻气相吸附质浓度信号值 I_{max} 以及最终脱附结束时刻的气相吸附质浓度信号值 I_0。

(2) 利用式(4.1.28)进行数据处理，得到脱附流动气相中的归一化吸附质浓度 $c(t)$ 随脱附时间 t 的变化关系。

$$\frac{c(t)}{c_0} = \frac{I_t - I_0}{I_{max} - I_0} \qquad (4.1.28)$$

（3）利用式（4.1.27）对步骤（2）所得到的脱附浓度曲线进行拟合，即可得到晶内扩散系数 D。需要注意的是，拟合公式中含有表面渗透率的影响，需预先测量得到并代入公式中。

这里作出进一步的说明。由式（4.1.24）给出的函数 $c(t)$ 在零点并不连续。在数学上，这与根据零长柱的特点作出的假设 $dc/dt=0$ 有关（具体见 3.2.1 小节），在物理机制上也突出了重点关注"从晶体内部脱附"的浓度。因此需要根据装置本身的特点排除死体积，在综合考虑这些公式的基础上，合理选择测量的初值时刻。

3）测试说明及实例

实验装置：实验室自行搭建的零长柱装置，吸附质浓度信号检测器选用色谱氢火焰离子化检测器（FID）。

测试任务：40℃下丙烷在 SAPO-34 中的晶内扩散系数。

已知测试样品为 SAPO-34 分子筛，其晶体粒度大致分布在 1～3μm，平均粒径为 2μm。取 10mg 待测分子筛装入放置多孔材料的直通内，再对装置的气密性进行检查。对待测分子筛首先采用载气（脱水）进行预处理，然后将丙烷-氮气的混合气（吸附质浓度尽量低）通入体系中，使 SAPO-34 分子筛吸附丙烷分子，待检测器浓度信号值保持不变持续 10min 以上，说明测试样品完成预先吸附。吸附平衡后，将体系进气切换成纯氮气进行吹扫脱附（吹扫气速的设定需预先排除外扩散的影响），检测器记录各时刻流动气相中丙烷的浓度。根据 3.2.2 小节所述的方法，得到 40℃下丙烷在此 SAPO-34 分子筛中的表面渗透率 $\alpha = 2.13 \times 10^{-9}$ m/s，代入式（4.1.27）中，进一步全时间拟合 ZLC 脱附信号曲线得到晶内扩散系数 $D = 1.71 \times 10^{-16}$ m²/s。将拟合得到的表面渗透率和晶内扩散系数代入传质理论表达式，理论拟合曲线与实验数据比较，判定系数 $R^2=0.99$，证明拟合得到的晶内扩散系数较为符合实验数据（拟合效果见图 4.1.3）。

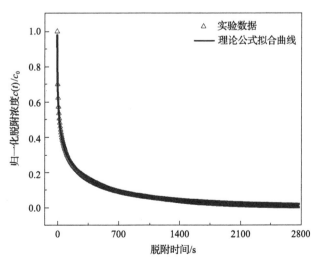

图 4.1.3　40℃下 SAPO-34 分子筛上丙烷的脱附浓度随时间变化曲线和理论拟合结果（实验数据采用 ZLC 方法测量得到）

4.2　晶内扩散系数与分子筛拓扑结构的理论关联

纳米孔道晶体材料的扩散与吸附对其分离和非均相催化性能具有重要作用[13]。前期的实验和理论研究发现，分子筛的择形选择性与分子筛孔道窗口和笼结构有着密切的关系[14]，其中产物择形性，即通过分子筛的拓扑结构控制分子的扩散，实现了对产物选择性的调变并引起了基础研究与工业催化领域的广泛兴趣。

定量地关联纳米孔道晶体材料的空间限域(拓扑结构)与其分子扩散和吸附性能对于吸附剂或催化剂的设计与筛选具有重要的意义[15-17]。如图 4.2.1(a)所示，分子的扩散活化能不仅取决于分子的直径，同时也取决于分子筛孔道窗口的尺寸[18]。增大分子直径或者缩小分子筛孔道窗口，都将使得分子的扩散活化能增大。分子动力学(MD)模拟和原子模拟可预测不同分子浓度和温度下的分子扩散历程与分子在孔道内部扩散时的势能分布[19-22]。然而，需要大量的实验结果验证计算模拟中所使用的分子力场的正确性。目前，仅有较少的工作报道了纳米孔道晶体材料的空间限域与分子扩散的定量关系。Rosenfeld和 Dzugutov[23, 24]通过指数型方程关联了体系的超额熵(excess entropy)与分子扩散系数，然而计算体系的超额熵是十分困难的，往往需要通过量子化学计算获得。此外，该定律

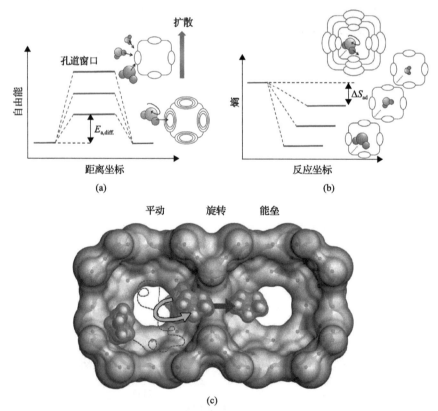

图 4.2.1　分子尺寸增加或者受限空间尺寸减小而引起的(a)扩散活化能($E_{a,diff.}$)增加或者(b)吸附熵损失作用；(c)分子在笼间扩散过程的示意图

能否用于纳米孔道晶体材料中扩散系数的预测还有待进一步的验证与探究。Haldoupis 等[15, 16]提出一种基于 MD 模拟的快速预测分子筛和金属有机骨架(MOF)材料中分子扩散系数与吸附焓的方法,并以小分子扩散体系对模型进行了验证。尽管 Marbach 等[25]最近提出了一种能够定量表示孔道结构变化或者波动对分子扩散系数影响的方程。但实际上,孔道结构变化或者微小波动对分子扩散的影响是很难通过实验手段实现的。

Krishna[26]将分子特征直径与纳米孔道晶体材料的窗口大小的比值定义为受限程度因子,这一因子可以近似定量地反映出分子受到材料结构空间的限制作用。但此因子仅在尺寸较小的客体分子中呈现出与扩散系数良好的定量关联。如图 4.2.1(b)所示,纳米孔道晶体材料的结构不仅对分子扩散系数有明显影响,同时对分子吸附焓也有显著影响。de Moor 等[27-29]通过密度泛函理论(DFT)计算发现孔道结构主要影响分子的平动和转动。他们进一步发现在 FAU、BEA、MOR、MFI 和 CHA 分子筛中碳一至碳八烃类分子的碳数和吸附焓呈现出线性关系。Dauenhauer 和 Abdelrahman[30]注意到分子在纳米限域空间中的转动不仅受到分子大小的影响,同时也受到笼或孔道尺寸的影响。因此,他们将结构填充体积和气体熵值组合成预测公式,该预测公式能够较好地预测碳三至碳九碳氢化合物在分子筛中的吸附焓。这一工作启发作者通过分子的特征参数和纳米孔道晶体材料的结构特征参数建立分子晶内扩散系数和吸附焓的预测关系式。

Campbell 和 Sellers[31]及 Dauenhauer 和 Abdelrahman[30]通过过渡态理论发现吸附焓与分子解吸频率的指前因子呈指数型关系。实际上,分子在纳米孔道晶体材料中的扩散过程可以类比为相邻孔道/笼之间的跳跃活化过程,并且分子从某一孔道跳跃到另一孔道的概率可以用跳跃速率来表示。通过过渡态理论,可利用分子在经过孔道窗口时的势能变化信息求解跳跃速率。另外,通过统计热力学理论,跳跃速率可以进一步地解析为平动、转动、电子振动和核运动配分函数的贡献。因此,本章将通过统计热力学理论构建分子在分子筛材料中的扩散系数和吸附焓的预测方程。

4.2.1　扩散系数的理论关联模型

低分子浓度下分子在纳米孔道晶体材料中的传输扩散和自扩散可视为相同[22]。此外,低分子浓度时分子间的相互作用力较弱,因此晶内扩散系数主要取决于分子与孔道结构的相互作用。根据过渡态理论,晶内扩散系数可以表示为[32]

$$D = n\lambda^2 k \tag{4.2.1}$$

式中,D 为晶内扩散系数,m^2/s;n 为与孔道维度有关的因子;λ 为分子的跳跃距离,m,其可以近似为笼结构的特征长度;k 为跳跃速率,s^{-1}。通过统计热力学,跳跃速率 k 可以通过平动、转动、电子振动和核运动配分函数进行计算[33],

$$k = \frac{1}{\lambda}\sqrt{\frac{k_B T}{2\pi m}}\frac{[f_{trans.}f_{rot.}f_{vib.}f_{nuc.}f_{elec.}]^{\neq}}{[f_{trans.}f_{rot.}f_{vib.}f_{nuc.}f_{elec.}]}\exp\left(-\frac{E_0}{RT}\right) \tag{4.2.2}$$

式中,k_B 为玻尔兹曼常数($k_B = 1.38\times10^{-23}$J/K);T 为绝对温度,K;m 为分子质量,kg;f 为配分函数,其中 ${\neq}$ 表示过渡态,下标 trans.、rot.、vib.、nuc.、elec.分别为平动、转动、

振动、核、电子；E_0 为扩散能垒，kJ/mol；R 为理想气体常数[8.314J/(mol·K)]。对于分子扩散这类纯粹物理过程，振动(化学键变化)、电子振动和核运动配分函数的贡献可以忽略不计。广泛使用于分子扩散理论模拟的动态矫正过渡态理论(dcTST)假设分子处于扩散势能最大值时，分子的状态可以近似为平衡态。本章主要关注低分子浓度下的扩散，因此可以近似地使用稀释气体的气体动理论，即假设分子在孔道结构中的运动速度满足麦克斯韦-玻尔兹曼(Maxwell-Boltzmann)分布[34, 35]，因此跳跃速率 k 可以表示为

$$k = \frac{1}{\lambda}\sqrt{\frac{k_B T}{2\pi m}}\frac{f_{trans.}^* f_{rot.}^*}{f_{trans.} f_{rot.}}\exp\left(-\frac{E_{a,diff.}}{RT}\right) \tag{4.2.3}$$

式中，f^*/f 为分子处于最大扩散势能值时与分子在孔道中所有状态的配分函数比值，其中 f 可以近似为气相分子的配分函数；$E_{a,diff.}$ 为扩散活化能，kJ/mol。f^*/f 的物理意义为分子通过平动或者旋转通过纳米孔道晶体材料窗口的概率；$E_{a,diff.}$ 的物理意义为分子经过孔道窗口时所需克服的能垒。其中将平动配分函数的比值 $f_{trans.}^*/f_{trans.}$ 定义为参数 $g_{trans.}$。

研究表明，当分子通过孔道窗口时，孔道结构尺寸的改变或者波动，即从空间较大的笼变化到尺寸较小的孔道窗口，将使得分子与壁面的碰撞加剧，从而降低了分子的扩散系数[36]。Marbach 等[25]提出由于孔道结构尺寸的波动而引起的扩散系数变化可以近似表示为

$$g_{trans., j} = 1 - \frac{d_{cage, j}^2 - d_{window, j}^2}{d_{cage, j}^2} \tag{4.2.4}$$

式中，d_{cage} 为笼结构的尺寸；d_{window} 为孔道窗口直径(nm)；下标 j 为第 j 种孔道材料。纳米孔道晶体材料的孔道窗口直径可以近似为均一值。式(4.2.4)表明笼结构和孔道窗口的尺寸差异越大，将造成扩散系数越小。

假如分子的尺寸和孔道窗口的尺寸接近，进入孔道前分子需要通过旋转来调整自身的构型，只有寻找到合适的运动朝向才能进入孔道窗口中。相比于平动配分函数，转动配分函数的比值对跳跃速率的指前因子具有更为显著的影响。因此，分子的构型和特征直径是构建转动配分函数方程的关键参数。如图 4.2.2 所示，将分子近似为椭球体，并且椭球体具有三个维度的尺寸 a、b 和 c，定义其长度大小为 $a \leqslant c \leqslant b$。分子的结构首先通过密度泛函理论(DFT)进行优化，量出相应维度首尾原子的距离，同时加上相应原子的范德华半径。以范德华体积 V_{vdw} 作为分子的体积，其中 V_{vdw} 可以通过临界温度和临界压力进行计算，并且分子体积满足[37]：$V_{vdw} = 2/3 \cdot \pi \cdot (abc)$。对于球型分子，其分子体积为 $V_{vdw} = 2/3 \cdot \pi \cdot (\sigma_{vdw})^3$，其中 σ_{vdw} 为范德华直径。

椭球体分子围绕其 a、b 和 c 轴转动时，分子总转动能量为[33]

$$E_{rot.} = \frac{1}{2}I_a\omega_a^2 + \frac{1}{2}I_b\omega_b^2 + \frac{1}{2}I_c\omega_c^2 \tag{4.2.5}$$

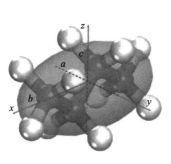
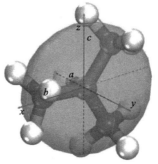

(a) 正丁烷　　　　　　　　　(b) 异丁烷

图 4.2.2　具有三维轴 *abc* 的椭球分子示意图

式中，I_k 和 ω_k 分别为分子围绕 k 轴（$k=a$、b 和 c）转动时对应的转动惯量和转动角速度，转动角动量可以表示为 $J = I \cdot \omega$，因此转动能量可以表达为

$$E_{\text{rot.}} = \frac{J_a^2}{2I_a} + \frac{J_b^2}{2I_b} + \frac{J_c^2}{2I_c} \tag{4.2.6}$$

当分子围绕 k 轴旋转时，其哈密顿（Hamilton）算符可以写作[33]

$$H_k = -\frac{\hbar^2}{2I_k}\frac{d^2}{d\varphi^2} \tag{4.2.7}$$

式中，$\hbar$ 为约化普朗克（Planck）常数；φ 为转动角。根据薛定谔（Schrödinger）方程：$H_k\Phi_k = E_{\text{rot.},k}\Phi_k$，其中 Φ_k 为波函数，对于围绕 k 轴旋转的转动能量为

$$E_{\text{rot.},k} = -\frac{m^2h^2}{2I_k}, \qquad m = 0, \pm1, \pm2, \cdots \tag{4.2.8}$$

对于不受限的分子，围绕 k 轴旋转时其配分函数可表达为

$$f_k = \sum_m \exp\left(-\frac{m^2h^2}{2I_k k_{\text{B}}T}\right) \tag{4.2.9}$$

进一步地可以近似为

$$f_k = \int_{x=0}^{+\infty} 2\exp\left(-\frac{x^2h^2}{2I_k k_{\text{B}}T}\right)\mathrm{d}x = \sqrt{\frac{2I_k\pi k_{\text{B}}T}{h^2}} \tag{4.2.10}$$

当分子围绕 k 轴旋转并受到空间限制作用时，方程（4.2.10）可以写作

$$f_k^* = \int_{x=0}^{u_k} 2\exp\left(-\frac{x^2h^2}{2I_k k_{\text{B}}T}\right)\mathrm{d}x = \sqrt{\frac{2I_k\pi k_{\text{B}}T}{h^2}}\,\mathrm{erf}\left(\sqrt{\frac{h^2}{2I_k\pi k_{\text{B}}T}}u_k\right) \tag{4.2.11}$$

式中，$u_k(>0)$ 为分子受到空间限制的程度。根据方程（4.2.11），最小值 $u_k^{\min}$ 需要满足

$$\sqrt{\frac{2I_k\pi k_B T}{h^2}}\text{erf}\left(\sqrt{\frac{h^2}{2I_k\pi k_B T}}u_k^{\min}\right) = 1 \tag{4.2.12}$$

u_k 的上限为分子不受空间的约束。假设分子旋转时各个维度均独立，方程(4.2.6)可进行变量分离，因此受限旋转配分函数和气相旋转配分函数的比值为

$$\frac{f_{\text{rot.}}^*}{f_{\text{rot.}}} = \text{erf}\left(\sqrt{\frac{h^2}{2I_a k_B T}}u_a\right)\text{erf}\left(\sqrt{\frac{h^2}{2I_b k_B T}}u_b\right)\text{erf}\left(\sqrt{\frac{h^2}{2I_c k_B T}}u_c\right) \tag{4.2.13}$$

式中，u_k 为分子围绕 k 轴时旋转受到空间限制的影响。其物理意义解释如下：分子在进入纳米孔道窗口前，需要通过旋转调整自身的运动朝向，才能够进入到纳道窗口中。其中，最为主要的空间限制参数为纳米孔道窗口直径和分子尺寸大小。因此参数 u_k 与这两个参数密切相关，定性地，如 u_a 应随着 d_{window} 的增加而增加，而随着分子投影面积的分子尺寸(b 和 c)的增加而减小。因此，假设 u_a 的表达式假设为 $\beta\dfrac{d_{\text{window}}^p}{\sqrt{\left(b^2+c^2\right)^q}}$，其中，$p$ 和 q 均为正值，分别表示纳米孔道窗口和分子大小对于分子旋转的限制作用。当窗口直径远远大于分子尺寸时，u_k 的值趋向于正无穷，相应地，$f_{\text{rot.}}^*/f_{\text{rot.}}$ 趋向于 1，表示分子的旋转不受空间限制。当分子的尺寸较大时，u_k 趋向于其定义的最小值[方程(4.2.12)]。方程(4.2.13)可以写作

$$\left(\frac{f_{\text{rot.}}^*}{f_{\text{rot.}}}\right)_{i,j} = \text{erf}\left[\sqrt{\frac{h^2}{2I_a k_B T}}\frac{\beta d_{\text{window},j}^p}{\sqrt{\left(b_i^2+c_i^2\right)^q}}\right]\text{erf}\left[\sqrt{\frac{h^2}{2I_b k_B T}}\frac{\beta d_{\text{window},j}^p}{\sqrt{\left(a_i^2+c_i^2\right)^q}}\right]\text{erf}\left[\sqrt{\frac{h^2}{2I_c k_B T}}\frac{\beta d_{\text{window},j}^p}{\sqrt{\left(a_i^2+b_i^2\right)^q}}\right] \tag{4.2.14}$$

或

$$\left(\frac{f_{\text{rot.}}^*}{f_{\text{rot.}}}\right)_{i,j} = \text{erf}\left[A\frac{d_{\text{window},j}^p}{\sqrt{\left(b_i^2+c_i^2\right)^q}}\right]\text{erf}\left[A\frac{d_{\text{window},j}^p}{\sqrt{\left(a_i^2+c_i^2\right)^q}}\right]\text{erf}\left[A\frac{d_{\text{window},j}^p}{\sqrt{\left(a_i^2+b_i^2\right)^q}}\right] \tag{4.2.15}$$

式中，A 为常数，nm^{1-p}；下标 i 表示第 i 种分子。

特定地，对于线性分子(如 H_2、O_2、N_2、CO 和 CO_2)，其尺寸 $a=c$，当分子围绕 b 轴旋转时该维度的配分函数为 1，因此对于线性分子，转动配分函数比值为

$$\left(\frac{f_{\text{rot.}}^*}{f_{\text{rot.}}}\right)_{i,j} = \text{erf}\left[A\frac{d_{\text{window},j}^p}{\sqrt{\left(a_i^2+b_i^2\right)^q}}\right]\text{erf}\left[A\frac{d_{\text{window},j}^p}{\sqrt{\left(a_i^2+b_i^2\right)^q}}\right] \tag{4.2.16}$$

旋转配分函数的比值反映了分子通过旋转进入孔道窗口的概率。式(4.2.15)中每一项

分别反映了分子围绕 a、b 和 c 轴旋转时空间限制对各个维度旋转配分函数的作用。例如，当分子围绕 c 轴旋转通过孔道窗口时，转动配分函数的比值取决于分子 a-b 平面的尺寸大小和窗口直径。由方程(4.2.15)可见，当窗口大小与 $\sqrt{a^2+b^2}$ 的比值足够大时，$f_{\text{rot.}}^*/f_{\text{rot.}}$ 趋向于 1，这意味着分子能够以任何形式的旋转方式进入孔道窗口。相反地，当窗口大小与 $\sqrt{a^2+b^2}$ 的比值减小时，$f_{\text{rot.}}^*/f_{\text{rot.}}$ 将显著下降。

当分子调整至合适的运动朝向进入孔道窗口，分子与窗口孔道的相互作用势能将显著地影响分子的平动速度，假设扩散活化能 $E_{\text{a,diff.}}$ 主要取决于分子与孔道窗口的排斥势能。采用玻恩-迈耶(Born-Mayer)方程表示分子与窗口孔道之间的排斥势能[38]。根据 Born-Mayer 方程，排斥势能可以写作：$U^{\text{rep}}(r)=\varepsilon\exp(-Br)$，式中，$U^{\text{rep}}$ 为排斥势能；r 为分子与孔壁之间的距离；ε 为势阱。因此，当分子与孔道窗口之间的排斥势能为主导作用时，扩散活化能可以被近似为 $E_{\text{a,diff.}}=C\exp(-Br)$，其中 r 与分子的大小有关，可以近似为 $-\sigma$。因此扩散活化能为

$$(E_{\text{a,diff.}})_{ij}=C_{E,j}\exp(B_j\sigma_j) \tag{4.2.17}$$

式中，$C_{E,j}$ 为与孔道结构 j 有关的常数，kJ/mol；B_j 为不同孔道结构 j 的特征参数，nm^{-1}。方程(4.2.17)中，如正丁烷与丙烷具有相近的 a 和 c 轴维度，但正丁烷的 b 轴维度大于丙烷的 b 轴维度，因此为了简化起见，采用了平均分子大小 σ_{vdw}，即范德华半径，与分子扩散活化能进行关联。

为进一步证实影响分子扩散的主导因素为孔道的空间限制作用而非吸附作用强度，采用 DFT 计算了不同分子在 SAPO-34 分子筛中的吸附作用强度。例如，三组分子大小相近却具有不同吸附强度 U_{ads} 的分子，N_2 和 CO、C_2H_6 和 CH_3OH 以及 iso-C_4H_8 和 n-C_3H_7OH。如表 4.2.1 所示，分子大小相近时，一般分子与孔壁吸附相互作用的增强将使其扩散系数下降，但扩散系数的变化明显更敏感于分子大小的变化。类似地，在硅酸盐(silicate)分子筛中[39]，两组大小相近但吸附强度不同的分子，CH_4 和 Ar 以及 CF_4 和 Xe 的扩散系数进行对比。对于具有相近分子大小，但明显不同的伦纳德-琼斯(Lennard-Jones，L-J)势能，其扩散系数是相近的。因此，在纳米孔道晶体材料中，对于多数分子，影响其扩散系数的主导因素为空间限制作用而非吸附强度作用，因此在方程(4.2.17)中，模型参数仅与孔道结构相关。

表 4.2.1　低浓度条件下客体分子在 SAPO-34 分子筛中的吸附势能和晶内扩散系数

分子	σ/nm	U_{ads}/(kJ/mol)	$D(0)$/(m^2/s)
N_2	0.313	−30.52	4.52×10^{-10}
CO	0.324	−113.27	2.09×10^{-10}
C_2H_6	0.372	−35.27	1.69×10^{-12}
CH_3OH	0.374	−103.90	7.05×10^{-13}
n-C_3H_7OH	0.441	−134.4	1.41×10^{-17}
iso-C_4H_8	0.442	−98.25	1.03×10^{-17}

本章中分别采用最大可容球体直径(MISD)和最大自由球体直径(MFSD)表示分子筛或者 MOFs 的笼尺寸 d_{cage} 和孔道大小 d_{pore}。其中 MISD 和 MFSD 这两种参数考虑了孔道结构的势能作用特点[40, 41]。

为了确定方程(4.2.15)和方程(4.2.17)中的模型参数,以不同低浓度客体分子在 300K 条件下在 FAU、MFI(ZSM-5)[42]、ZIF-8 MOF[20]和 CHA(SAPO-34)[43-46]分子筛中的晶内扩散系数与扩散活化能对方程进行拟合。如图 4.2.3(a)所示,随着分子大小与窗口直径的比值 $(abc)/d^3_{window}$ 的增加,$f^*_{rot.}/f_{rot.}$ 配分函数比值显著下降。这意味着当分子尺寸增加或者孔道窗口变小时,分子只能够以一定的运动朝向通过孔道窗口。以方程(4.2.15)拟合图 4.2.3(a)中的数据,可以获得参数 $A = 2.25\text{nm}^{-2} \pm 0.22\text{nm}^{-2}$,$p = 3$ 和 $q = 1$。

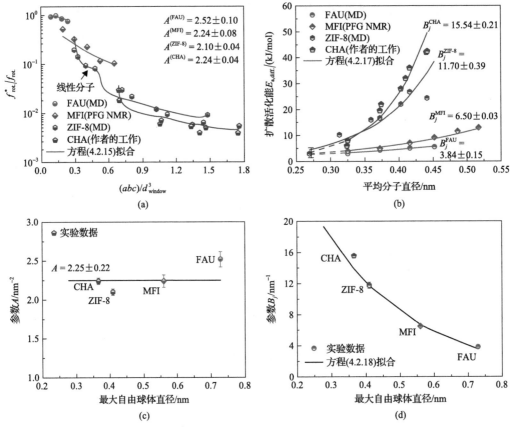

图 4.2.3　分子筛结构对扩散的影响

(a)方程(4.2.15)拟合获得的 FAU、MFI、ZIF-8 MOF 和 CHA 结构中 $f^*_{rot.}/f_{rot.}$ 值与 MFSD 的关系;(b)方程(4.2.17)拟合获得的 FAU、MFI、ZIF-8 MOF 和 CHA 结构中扩散活化能与分子大小的关系;(c)参数 A_j 与 MFSD 的关系;(d)参数 B_j 与 MFSD 的关系;实线为方程(4.2.17)的拟合结果

为进一步验证方程(4.2.15)所计算转动配分函数比值的物理意义的正确性,采用 MD 模拟计算了丙烯和甲烷在不同结构分子筛中(FAU,EUO,LTA 和 LEV)的扩散历程。以丙烯为例,自由旋转时转动配分函数比值为 1.00;当丙烯围绕 a 轴旋转受到限制时,其配分函数比值为 3.87×10^{-2};当围绕 a 轴和 c 轴旋转受到限制时,其配分函数比值为

1.40×10^{-3}；当围绕三个轴旋转受到限制时，其配分函数比值为 1.20×10^{-4}。如图 4.2.4 所示，当丙烯分子靠近 FAU、EUO、LTA 和 LEV 分子筛的孔道窗口时，丙烯的旋转状态呈现出明显的差异。由方程(4.2.15)计算可得，当丙烯通过 FAU 的十二元环孔道时，$f_{rot.}^{*}/f_{rot.}$ 值为 8.87×10^{-1}，该值接近于 1.00，这意味着丙烯可以自由旋转通过 FAU 的十二元环孔道。当丙烯通过 EUO 的十元环孔道时，$f_{rot.}^{*}/f_{rot.}$ 值下降为 6.55×10^{-2}，这与一维旋转受限的丙烯配分函数比值 3.87×10^{-2} 接近，这意味着丙烯通过 EUO 的十元环孔道时，围绕 a 轴的旋转将受到严重的受限。当丙烯分子通过 LTA 的八元环孔道时，$f_{rot.}^{*}/f_{rot.}$ 值进一步下降为 9.57×10^{-3}，这一值略大于二维旋转受限的丙烯配分函数比值 1.40×10^{-3}。通过图 4.2.4 可以发现，丙烯通过 LTA 的八元环孔道时，其围绕 a 轴旋转严重受限，而围绕 c 轴旋转仅受到部分限制。当丙烯分子通过 LEV 的八元环孔道时，$f_{rot.}^{*}/f_{rot.}$ 值为 8.83×10^{-4}，这意味着此时丙烯的三维旋转均受到限制，丙烯仅能够以唯一的运动朝向通过孔道窗口。

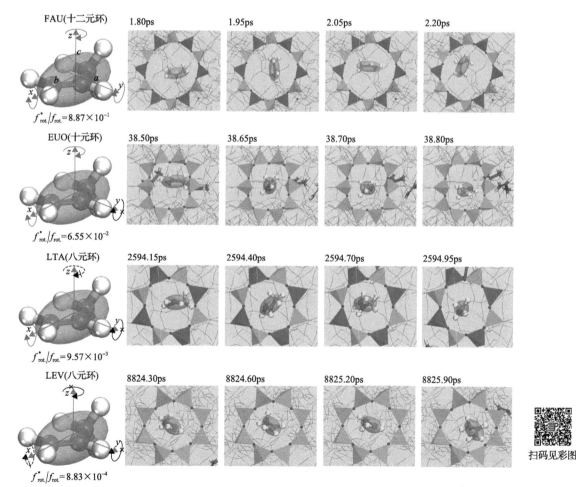

扫码见彩图

图 4.2.4　MD 模拟的丙烯通过 FAU(十二元环)、EUO(十元环)、LTA(八元环，窗口直径为 0.415nm) 和 LEV(八元环，窗口直径为 0.347nm)孔道窗口时的瞬时状态

类似地，甲烷自由旋转时转动配分函数比值为 1.00；当存在一个维度旋转受限时，其配分函数比值为 1.59×10^{-1}；当存在两个维度旋转受限时，其配分函数比值为 2.53×10^{-2}；当存在三个维度旋转受限时，其配分函数比值为 4.02×10^{-3}。如图 4.2.5 所示，当甲烷通过 FAU 的十二元环孔道时，其 $f_{rot.}^{*}/f_{rot.}$ 值为 9.94×10^{-1}，这一值接近于 1.00，这意味着甲烷可以自由旋转通过 FAU 的十二元环孔道。当甲烷通过 EUO 的十元环孔道时，$f_{rot.}^{*}/f_{rot.}$ 值降低为 1.57×10^{-1}，这一值与一维旋转受限的甲烷配分函数比值相近，这说明甲烷通过 EUO 的十元环孔道时，其一维转动受到严重的限制。当甲烷通过 LTA 的八元环孔道时，$f_{rot.}^{*}/f_{rot.}$ 值为 3.95×10^{-2}，该值与二维旋转受限的甲烷配分函数比值接近，意味着甲烷通过 LTA 的八元环孔道时，其二维旋转受到限制。而当甲烷通过 LEV 的八元环孔道时，$f_{rot.}^{*}/f_{rot.}$ 值为 6.16×10^{-3}，这一值说明了甲烷此时在三个维度上的旋转均受到限制。通过 MD 模拟计算定性地验证了方程(4.2.15)的计算结果。

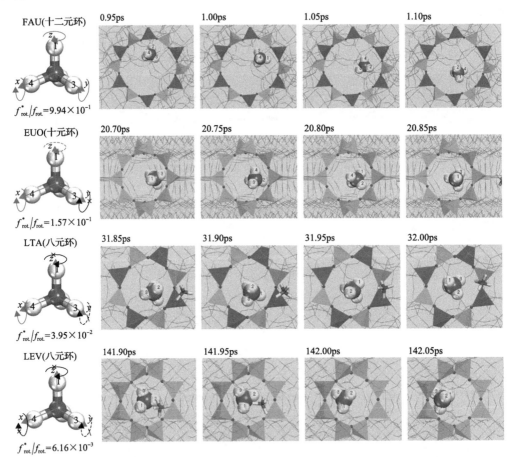

图 4.2.5　MD 模拟的甲烷通过 FAU(十二元环)，EUO(十元环)，LTA(八元环，窗口直径为 0.415nm)和 LEV(八元环，窗口直径为 0.347nm)孔道窗口时的瞬时状态

对于不同的拓扑结构、笼结构与孔道窗口尺寸的差异引起的孔道收缩效应同样会造成分子扩散速率的下降，这可以理解为笼内的分子具有概率为 g_t 的机会从笼空间平动到

孔道窗口。在多数情况下，相比于转动配分函数，平动配分函数对分子扩散系数的影响较弱。

　　如图 4.2.3(b)所示，减小孔道窗口尺寸或者增加分子大小均可以显著地增加扩散活化能。将方程(4.2.17)用于图 4.2.3(b)的拟合，如表 4.2.2 和图 4.2.3(b)所示，对于同样的拓扑结构，B_j 值反映了由于分子大小增加而引起的扩散活化能增加的敏感程度。B_j 和 MFSD 的关系可通过如下方程表示：

$$B_j = (54.90 \pm 2.72)\exp\left[-(3.78 \pm 0.10)d_{\mathrm{window},j}\right] \tag{4.2.18}$$

表 4.2.2　FAU、ZSM-5、ZIF-8 MOF 和 SAPO-34 结构对应的参数 A_j 和 B_j

分子筛	d_{cage}/nm	A_j	B_j/nm^{-1}
FAU	0.729	2.52	3.80
ZSM-5	0.560	2.24	5.80
ZIF-8 MOF	0.410	2.10	11.20
SAPO-34	0.366	2.24	15.50

注：d_{cage} 为分子筛笼直径。

　　由图 4.2.3(b)所示，当平均分子直径趋近于 0.266nm 时，这一大小与氦气和氢气的平均分子直径相近，扩散活化能数值接近于 (3.40 ± 0.20)kJ/mol。需要注意的是，图 4.2.3(b)中 4 种分子筛孔道窗口均显著大于氦气和氢气的分子大小。对于更一般的情况，通过大规模分子模拟计算出的分子筛和 MOF 材料中氢气的扩散活化能[15, 16]与孔道窗口大小关系为 $E_{\mathrm{a,diff.}}(\mathrm{H_2}) = 9684.10\exp(-29.60d_{\mathrm{window}}) + (3.40 \pm 0.20)$（图 4.2.6）。通过方程(4.2.17)和方程(4.2.18)能够计算出不同客体分子在不同拓扑结构中的扩散活化能。

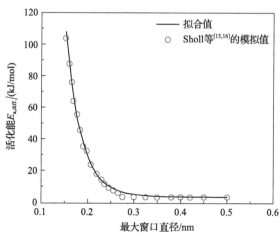

图 4.2.6　氢气在分子筛与 MOF 中的扩散活化能与 MFSD 的关系图[15,16]

　　通过以上讨论，平动与转动配分函数可以通过方程(4.2.4)以及方程(4.2.15)或方程(4.2.16)求解获得，扩散活化能可以通过方程(4.2.17)和方程(4.2.18)计算获得。通过这些参数，跳跃频率 k 可以由方程(4.2.3)计算，进而通过方程(4.2.1)求出晶内扩散系数。

4.2.2 扩散系数与吸附熵的理论关联

根据方程(4.2.2)，跳跃速率的指前因子可以与过渡熵变化 $\exp(\Delta S^{TS}/R)$ 相关联，其中 ΔS^{TS} 是分子从空间较大的笼/孔道变化至孔道窗口时的熵变化。该熵变化与孔道结构及分子尺寸大小相关。对于吸附在笼或者孔道中的分子，当笼或者孔道的尺寸减小时，其分子的熵损失将显著变化。假设吸附熵变化由下式表示

$$(-\Delta S_{ads}/R)_{i,j} = A_j^{ads}\sigma_i + C_{A,j} \tag{4.2.19}$$

式中，ΔS_{ads} 为吸附熵变化 ($\Delta S_{ads}<0$)，代表分子限制在纳米笼或者孔道中而引起的运动受限；A_j^{ads} 为与孔道结构相关的参数，nm^{-1}，可以反映孔道结构对吸附熵的影响；$C_{A,j}$ 为常数，无因次。

不同客体分子在 FAU、LTA、RHO 和 CHA 分子筛拓扑结构的吸附熵如图 4.2.7 所示。对于同样的客体分子，可以发现吸附熵随着分子筛拓扑结构的尺寸减小而下降：FAU＞LTA＞RHO＞CHA。这一规律同样反映出了分子的吸附强度，由于分子筛拓扑结构的限域效应，越小的吸附熵，即越大的吸附熵损失，代表分子与分子筛骨架的结合更为紧密与结合作用更强。这是由于分子筛的范德华力作用限制了分子在笼空间中的运动状态。对于同样的分子筛骨架，增加分子的大小同样会引起更大的吸附熵损失。实际上，通过式(4.2.19)与图 4.2.7 能够发现吸附熵大小与平均分子直径呈现出线性关系。

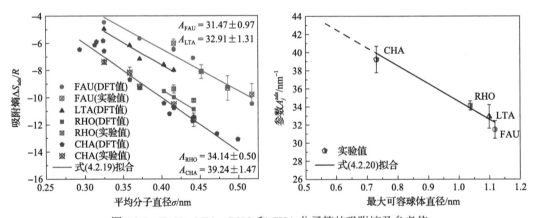

图 4.2.7 FAU、LTA、RHO 和 CHA 分子筛的吸附熵及参考值

(a)FAU、LTA、RHO 和 CHA 分子筛中分子吸附熵和分子大小的关系，实线为方程(4.2.19)的拟合结果；(b)参数 A_j^{ads} 与 MISD 的关系，实线为方程(4.2.20)的拟合结果

表 4.2.3 列出了以方程(4.2.19)对图 4.2.7(a)进行拟合的参数 A_j^{ads} 和 $C_{A,j}$ 的结果，且得到的确定系数 R^2 为 0.9604。如图 4.2.7(b)和表 4.2.3 所示，随着分子筛笼尺寸的减小，A_j^{ads} 增大。因此，A_j^{ads} 可以反映出由于分子筛拓扑结构的变化而引起的吸附熵变化的敏感程度。例如，对于笼结构较小的分子筛拓扑结构，即 A_j^{ads} 的值较大，当分子的大小略有较小增加时，则引起的吸附熵损失将显著增大。进一步地，如图 4.2.7 所示，将 A_j^{ads}

值与 MISD 进行关联，获得如下关系式：

$$A_j^{\text{ads}} = -(18.51 \pm 0.17)d_{\text{cage},j} + (52.88 \pm 0.21) \tag{4.2.20}$$

如表 4.2.3 所示，参数 $C_{A,j}$ 值可以近似为常数 -5.44 ± 0.49。因此，不同客体分子在不同拓扑结构的纳米孔道晶体材料的吸附熵可以通过方程 (4.2.19) 与方程 (4.2.20) 预测得出。

表 4.2.3　FAU，LTA，RHO 和 CHA 分子筛中参数 d_{cage}，A_j^{ads} 和 $C_{A,j}$

分子筛	$d_{\text{cage}}/\text{nm}$	$A_j^{\text{ads}}/\text{nm}^{-1}$	$C_{A,j}(\text{-})$
FAU	1.118	30.90	−5.78
LTA	1.099	32.90	−5.57
RHO	1.037	35.10	−4.62
CHA	0.731	39.80	−5.84

4.3　理论关联公式的应用

4.3.1　晶内扩散系数的预测

通过 4.2 节所发展的晶内扩散系数预测模型，预测了不同客体分子在 9 种不同拓扑结构分子筛中的晶内扩散系数，包括 FAU[32]、ISV[47]、MFI[42, 47]、ITE[47, 48]、LTA[19, 49]、IWH[48]、RHO[18]、CHA[4, 18] 和 DDR[32, 49] 拓扑结构，其中部分测量数据来源于文献。如图 4.3.1 (a) 所示，4.2 节所发展的预测模型不仅能够较好地预测同一客体分子在不同拓扑结构中分子筛的晶内扩散系数，并且能够反映出客体分子大小对晶内扩散系数的影响。为了通过方程 (4.2.1) 和方程 (4.2.2) 理解纳米孔道晶体材料的拓扑结构的受限空间对分子晶内扩散系数的影响，进一步研究了甲烷分子在 15 种分子筛中的扩散，其中扩散系数的数值来源于文献[16, 18]，如图 4.3.1 (b) 所示。甲烷分子在三个维度具有相等的长度，因此可以近似为球型分子。图 4.3.1 (b) 中显示了随着 MFSD 的变化而引起的甲烷晶内扩散系数的变化，并将模型预测的结果与 MD 模拟或 PFG NMR 实验结果[18] 进行了比较，预测值与模拟/实验值的确定系数为 $R^2 = 0.9689$。在图 4.3.1 (b) 中，PON 和 BOF 两种拓扑结构具有相近的孔道窗口大小 ($d_{\text{window}} = 0.424\text{nm}$) 和跳跃距离，但 PON 的笼尺寸 (0.487nm) 小于 BOF 的笼尺寸 (0.886nm)[36]。根据方程 (4.2.4)，PON 的平动配分函数比值为 0.758，大于 BOF 的平动配分函数比值 0.229。近似地，在低浓度负载条件下，甲烷分子在 PON 中的晶内扩散系数较 BOF 中的晶内扩散系数高约 5 倍。如图 4.3.1 (b) 所示，增大 MFSD 将使得甲烷的晶内扩散系数增加。当 MFSD 的数值小于 0.6nm 时，纳米晶体结构的限域效应逐渐凸显，相较于平动配分函数的影响，转动配分函数对于晶内扩散的影响更为显著。随着纳米孔道尺寸的下降，分子需要调整自身运动朝向以使得其能够通过狭窄的孔道，因此转动配分函数的影响显著显现。当 MFSD 的数值大于 0.6nm 时，晶内扩散系数随着 MFSD 的变化不显著，此时转动配分函数比值 $f_{\text{rot.}}^*/f_{\text{rot.}}$ 接近于 1.0，并且甲烷的晶内

扩散系数值在 $10^{-8}\sim10^{-7}\mathrm{m^2/s}$ 范围变化。以上讨论较为清晰地反映出纳米晶体孔道的限域作用对于分子扩散的影响。

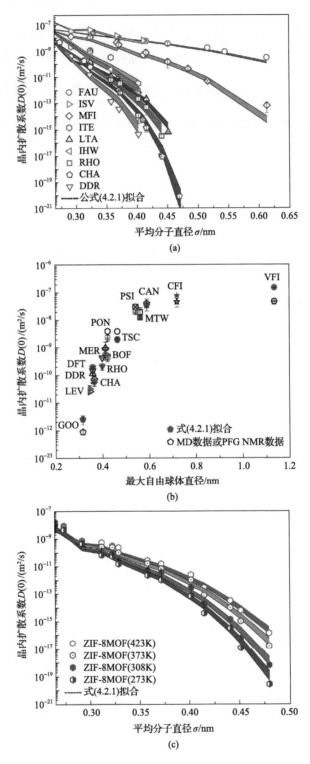

(a)

(b)

(c)

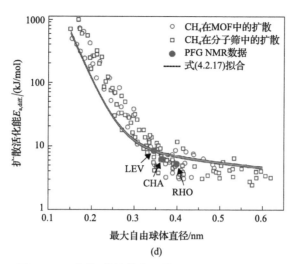

图 4.3.1 不同拓扑结构分子筛的晶内扩散系数性质

(a) 300K 和低分子浓度条件下 FAU[32]、ISV[47]、MFI[42, 47]、ITE[47, 48]、LTA[19, 49]、IWH[48]、RHO[18]、CHA[4, 18] 和 DDR[32, 49] 中晶内扩散系数的预测值与测量值；(b) 300K 和低分子浓度条件下 VFI、CFI、CAN、PSI、MTW、TSC、PON、BOF、MER、RHO、CHA、DDR、DFT、LEV 和 GOO[16] 分子筛中甲烷晶内扩散系数的预测值与测量值；(c) 273K、308K、373K 和 423K 下低分子浓度条件下 ZIF-8 MOF 材料中分子的晶内扩散系数的预测值与测量值[20]；(d) 分子筛[16, 18] 与 MOF 材料[15] 中甲烷分子的扩散活化能的预测值与测量值。晶内扩散系数为方程 (4.2.1) 的预测结果，扩散活化能为方程 (4.2.17) 的预测结果；实验值来源于文献

　　为进一步验证所提出的晶内扩散系数预测方法，根据方程 (4.2.1) 和方程 (4.2.2) 预测不同温度下客体分子在 ZIF-8 MOF 中的晶内扩散系数，其中扩散系数的数值来源于文献 [20]。ZIF-8 MOF 的 MFSD 的值取 0.400 nm。如图 4.3.1 (c) 所示，所提出的预测方法能够预测 273K、308K、373K 和 423K 条件下的不同客体分子的晶内扩散系数并且与 MD 模拟所得的结果吻合较好，同时模型方程能够体现 ZIF-8 MOF 的孔道筛分特性。这同时证实了方程 (4.2.17) 与方程 (4.2.18) 用于预测客体分子扩散活化能的准确性。方程 (4.2.17) 还用于预测甲烷在大规模纳米晶体材料 (分子筛与 MOF) 中的扩散活化能，并且与 MD 模拟[15, 16] 及 PFG NMR 实验结果[18] 进行比较。如图 4.3.1 (d) 所示，甲烷分子在不同拓扑结构纳米孔道晶体材料中的扩散活化能能够被较好预测，并且标准偏差值约为 1.29。在本章中，主要考察纳米孔道晶体材料的拓扑结构或空间限域效应对于分子扩散的影响。当然，除了这一因素以外，分子与骨架结构中的元素相互作用等也将对分子扩散产生影响[21, 22, 50]。图 4.3.1 中，所提出的预测模型相较于 MD 模拟或者实验数据，模拟预测所得到的相关系数 R^2 为 0.9865。从图 4.3.1 (d) 中可以观察到，随着 MFSD 的下降，分子的扩散活化能显著上升，一方面孔道尺寸的下降使得分子在通过孔道时需要调整自身构型和运动朝向，另一方面，分子通过孔道时将受到显著的排斥作用减慢了分子平动速率，从而使得分子的晶内扩散系数显著下降。

　　方程 (4.2.19) 中，已知 MISD 的条件下，参数 A_j^{ads} 可以通过方程 (4.2.20) 计算，参数 $C_{A,j}$ 被视为常数。如图 4.3.2 所示，方程 (4.2.19) 能够较为准确地预测不同客体分子在不同拓扑结构分子筛中的吸附熵，其中 KFI、TON、MFI、FER、MOR 和 LTL 的吸附熵数据来源于文献中的实验数据[29, 30, 51, 52]。并且采用方程 (4.2.19) 与 (4.2.20)，所得到的预测结果相比于 Dauenhauer 和 Abdelrahman[30]所提出的预测方法确定系数 R^2 由 0.8539 提高到了 0.9154。

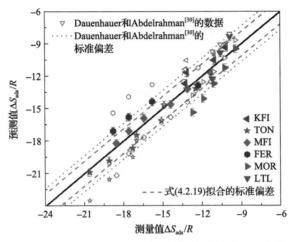

图 4.3.2　KFI、TON、MFI、FER、MOR 和 LTL 分子筛[30]中客体分子吸附熵的预测值与测量值对比
离散实心点为方程(4.2.19)的预测结果；离散空心点为文献[30]的报道结果

4.3.2　方法的使用范围

　　碳纳米管同样是一类用于非均相催化与气体吸附分离的重要纳米孔道材料[53, 54]。与具有同等窗口尺寸的分子筛相比，单壁碳管材料中分子扩散系数有着数量级的提高，这是单壁碳管材料的壁面较为平滑[9, 53, 55]，分子在其中扩散时受到的摩擦力较小，因此分子在单壁碳管中运动时损失的动能较小。本章中晶内扩散系数以及吸附熵的预测方法是基于分子筛以及 MOF 纳米孔道晶体材料提出的，单壁碳管材料的表面粗糙程度与分子筛及 MOF 材料的差异较大，因此该方法不适合预测单壁碳管材料中分子的扩散以及吸附性能。

　　本章所提出的预测方法是在低分子浓度或者近似无穷稀释条件下，分子在纳米孔道晶体材料中的扩散与吸附的方法。基于本章预测的低分子浓度的分子传输扩散系数，通过里德-埃利希(Reed-Ehrlich)模型[56]能够进一步预测出不同分子浓度条件下的分子传输扩散系数。进一步通过 Skoulidas 和 Sholl[47]所提出的经验方程可以连接不同分子浓度条件下的自扩散和传输扩散系数。虽然本章所提出的预测模型系统考察了纳米孔道晶体材料的拓扑结构所产生的限域效应对于分子扩散与吸附的影响，但纳米孔道晶体材料的骨架元素组成和酸性质将进一步造成更为复杂的扩散和吸附现象。不同的骨架元素组成和酸性质将引起分子与骨架的不同相互作用力[18, 21, 50]，从而造成不同的分子扩散势能变化[21, 50]，因此应将骨架元素组成与酸性质对于扩散势能的影响也考察进预测关联式中。

　　本章提出的预测模型能够为非均相催化过程中的分子扩散系数和吸附性质提供基本参数。另一应用是在低分子浓度条件下，预测纳米孔道晶体材料的理想吸附选择性。由晶内扩散系数和吸附熵等基本参数结合 Keskin 和 Sholl[57]提出的理想吸附选择性计算公式能够计算出材料的理想吸附选择性，其中该公式的假设忽略分子间的相互作用力。Dauenhauer 和 Abdelrahman[30]通过大量实验数据估计出每 1J/(mol·K)的吸附熵损失对应（509±19）J/mol 的吸附焓增加，相应地，可以通过吸附熵数据预测吸附焓。

　　空间受限条件下的分子晶内扩散与吸附的定量对理解和合理设计纳米晶体孔道材料具有重要意义。分子在纳米孔道晶体材料中的扩散行为可以通过跳跃速率结合过渡态理论进行描述，其中，跳跃速率可以通过统计热力学中的平动和转动配分函数计算得到。本章工作中，发展了区别和定量分子在纳米孔道晶体材料中扩散时的平动配分函数与转动配分函数，并且近似地将分子与孔壁的排斥势能作为扩散活化能。基于所提出的方法，本章提出了能够预测在低分子浓度条件及不同温度下，不同客体分子在不同拓扑结构中的晶内扩散系数与吸附熵，并且能够较为准确地应用于分子筛以及 MOF 材料。

　　需要强调的是，本章所提出的预测方法是基于分子筛与 MOF 材料中低分子浓度的情况发展的，忽略了分子间、分子与骨架元素及酸性位点的相互作用，因此具有一定的局限性。进一步地，应在模型中耦合建立分子之间的相互作用势能模型，以使得模型能够推广到高浓度分子条件下的扩散系数预测。但本章所提出的预测方法可以作为高通量筛选纳米孔道晶体材料的理想吸附性能的工具，还可以为分子在纳米孔道晶体材料中的扩散提供新的理解思路，即分子需要通过平动、转动以及克服分子与孔壁的排斥势能才能够实现分子扩散的历程。本章所提出的方法将为非均相催化过程，如甲醇制烯烃（MTO）反应，提供扩散以及吸附相关的基本参数。

4.4　小　　结

　　本章介绍了分子筛晶内扩散系数的测量以及理论模型方面的工作。针对等压吸附和对流状态两种情形，利用预先测定的分子筛表面传质系数（见第 3 章），给出了通过宏观法测定分子筛的晶内扩散系数的方法。结合第 3 章所建立的表面传质系数和晶内扩散系数的测量方法，为深入探索分子筛的传质机制提供了重要工具。同时，围绕分子筛晶内扩散的微观模型开展了初步工作，发展了一些经验公式用于预测分子筛的晶内扩散系数。这方面的工作需要进一步的深入研究。

本章参考文献

[1] Chmelik C, Kärger J. In situ study on molecular diffusion phenomena in nanoporous catalytic solids. Chemical Society Reviews, 2010, 39(12): 4864-4884.

[2] Matam S K, O'+Malley A J, Catlow C R A, et al. The effects of MTG catalysis on methanol mobility in ZSM-5. Catalysis Science & Technology, 2018, 8(13): 3304-3312.

[3] Smit B, Maesen TLM. Towards a molecular understanding of shape selectivity. Nature, 2008, 451: 671-678.

[4] Gao M, Li H, Yang M, et al. Direct quantification of surface barriers for mass transfer in nanoporous crystalline materials. Communications Chemistry, 2019, 2(1): 43-52.

[5] Han J, Liu Z, Li H, et al. Simultaneous evaluation of reaction and diffusion over molecular sieves for shape-selective catalysis. ACS Catalysis, 2020, 10(15): 8727-8735.

[6] Cai D, Cui Y, Jia Z, et al. High-precision diffusion measurement of ethane and propane over SAPO-34 zeolites for methanol-to-olefin process. Frontiers of Chemical Science and Engineering, 2018, 12(1): 77-82.

[7] Guo Z, Li X, Hu S, et al. Understanding the role of internal diffusion barriers in P$_t$/Beta zeolite catalyzed isomerization of *n*-heptane. Angewandte Chemie International Edition, 2020, 59(4): 1548-1551.

[8] Teixeira A R, Qi X, Chang C-C, et al. On asymmetric surface barriers in MFI zeolites revealed by frequency response. The Journal of Physical Chemistry C, 2014, 118(38): 22166-22180.

[9] Chen H, Sholl D S. Rapid diffusion of CH$_4$/H$_2$ mixtures in single-walled carbon nanotubes. Journal of the American Chemical Society, 2004, 126(25): 7778-7779.

[10] Dai W, Scheibe M, Li L, et al. Effect of the Methanol-to-Olefin conversion on the PFG. NMR self-diffusivities of ethane and ethene in large-crystalline SAPO-34. The Journal of Physical Chemistry C, 2012, 116(3): 2469-2476.

[11] Gao S, Xu S, Wei Y, et al. Insight into the deactivation mode of methanol-to-olefins conversion over SAPO-34: Coke, diffusion, and acidic site accessibility. Journal of Catalysis, 2018, 367: 306-314.

[12] Omojola T, Silverwood I P, O'Malley A J. Molecular behaviour of methanol and dimethyl ether in H-ZSM-5 catalysts as a function of Si/Al ratio: A quasielastic neutron scattering study. Catalysis Science & Technology, 2020, 10(13): 4305-4320.

[13] Zhu Z, Wang D, Tian Y, et al. Ion/molecule transportation in nanopores and nanochannels: from critical principles to diverse functions. Journal of the American Chemical Society, 2019, 141(22): 8658-8669.

[14] Teketel S, Lundegaard L F, Skistad W, et al. Morphology-induced shape selectivity in zeolite catalysis. Journal of Catalysis, 2015, 327(Supplement C): 22-32.

[15] Haldoupis E, Nair S, Sholl D S. Efficient calculation of diffusion limitations in metal organic framework materials: A tool for identifying materials for kinetic separations. Journal of the American Chemical Society, 2010, 132(21): 7528-7539.

[16] Haldoupis E, Nair S, Sholl D S. Pore size analysis of >250 000 hypothetical zeolites. Physical Chemistry Chemical Physics, 2011, 13(11): 5053-5060.

[17] Mace A, Barthel S, Smit B. Automated multiscale approach to predict self-diffusion from a potential energy field. Journal of Chemical Theory and Computation, 2019, 15(4): 2127-2141.

[18] Gao S, Liu Z, Xu S, et al. Cavity-controlled diffusion in 8-membered ring molecular sieve catalysts for shape selective strategy. Journal of Catalysis, 2019, 377: 51-62.

[19] Boulfelfel S E, Ravikovitch P I, Sholl D S. Modeling diffusion of linear hydrocarbons in silica zeolite LTA using transition path sampling. The Journal of Physical Chemistry C, 2015, 119(27): 15643-15653.

[20] Verploegh R J, Nair S, Sholl D S. Temperature and loading-dependent diffusion of light hydrocarbons in ZIF-8 as predicted through fully flexible molecular simulations. Journal of the American Chemical Society, 2015, 137(50): 15760-15771.

[21] Cnudde P, Demuynck R, Vandenbrande S, et al. Light olefin diffusion during the MTO process on H-SAPO-34: A complex interplay of molecular factors. Journal of the American Chemical Society, 2020, 142(13): 6007-6017.

[22] Beerdsen E, Dubbeldam D, Smit B. Understanding diffusion in nanoporous materials. Physical Review Letters, 2006, 96(4): 044501.

[23] Rosenfeld Y. Relation between the transport coefficients and the internal entropy of simple systems. Physical Review A, 1977, 15(6): 2545-2549.

[24] Dzugutov M. A universal scaling law for atomic diffusion in condensed matter. Nature, 1996, 381: 137-140.

[25] Marbach S, Dean D S, Bocquet L. Transport and dispersion across wiggling nanopores. Nature Physics, 2018, 14(11): 1108-1113.

[26] Krishna R. Diffusion in porous crystalline materials. Chemical Society Reviews, 2012, 41(8): 3099-3118.

[27] de Moor B A, Reyniers M-F, Sierka M, et al. Physisorption and chemisorption of hydrocarbons in H-FAU using QM-Pot(MP2//B3LYP) calculations. The Journal of Physical Chemistry C, 2008, 112(31): 11796-11812.

[28] de Moor B A, Ghysels A, Reyniers M-F, et al. Normal mode analysis in zeolites: Toward an efficient calculation of adsorption entropies. Journal of Chemical Theory and Computation, 2011, 7(4): 1090-1101.

[29] de Moor B A, Reyniers M-F, Gobin O C, et al. Adsorption of C2−C8 *n*-alkanes in zeolites. The Journal of Physical Chemistry C, 2011, 115 (4)：1204-1219.

[30] Dauenhauer P J, Abdelrahman O A. A universal descriptor for the entropy of adsorbed molecules in confined spaces. ACS Central Science, 2018, 4 (9)：1235-1243.

[31] Campbell C T, Sellers J R V. The entropies of adsorbed molecules. Journal of the American Chemical Society, 2012, 134 (43)：18109-18115.

[32] Kärger J, Ruthven D M, Theodorou D N. Diffusion in Nanoporous Materials. Weinheim: Wiley-VCH, 2012.

[33] Atkins P, Paula J D. Atkins' Physical Chemistry, 8th ed. New York: W. H. Freeman and Company, 2006.

[34] Dubbeldam D, Snurr R Q. Recent developments in the molecular modeling of diffusion in nanoporous materials. Molecular Simulation, 2007, 33 (4-5)：305-325.

[35] Bendt S, Dong Y, Keil F J. Diffusion of water and carbon dioxide and mixtures thereof in Mg-MOF-74. The Journal of Physical Chemistry C, 2019, 123 (13)：8212-8220.

[36] Liu Z, Zhou J, Tang X, et al. Dependence of zeolite topology on alkane diffusion inside nano-channels. AIChE Journal, 2020, 66 (8)：e16269.

[37] Zhang C, Lively R P, Zhang K, et al. Unexpected molecular sieving properties of zeolitic imidazolate framework-8. The Journal of Physical Chemistry Letters, 2012, 3 (16)：2130-2134.

[38] London F. The general theory of molecular forces. Transactions of the Faraday Society, 1937, 33 (0)：8-26.

[39] Skoulidas A I, Sholl D S. Transport diffusivities of CH_4, CF_4, He, Ne, Ar, Xe, and SF_6 in silicalite from atomistic simulations. The Journal of Physical Chemistry B, 2002, 106 (19)：5058-5067.

[40] Foster M D, Rivin I, Treacy M M J, et al. A geometric solution to the largest-free-sphere problem in zeolite frameworks. Microporous and Mesoporous Materials, 2006, 90 (1)：32-38.

[41] Treacy M M J, Foster M D. Packing sticky hard spheres into rigid zeolite frameworks. Microporous and Mesoporous Materials, 2009, 118 (1)：106-114.

[42] Datema K P, den Ouden C J J, Ylstra W D, et al. Fourier-transform pulsed-field-gradient 1H nuclear magnetic resonance investigation of the diffusion of light n-alkanes in zeolite ZSM-5. Journal of the Chemical Society, Faraday Transactions, 1991, 87 (12)：1935-1943.

[43] Li S, Falconer J L, Noble R D, et al. Interpreting unary, binary, and ternary mixture permeation across a SAPO-34 membrane with loading-dependent Maxwell-Stefan diffusivities. The Journal of Physical Chemisty C, 2007, 111 (13)：5075-5082.

[44] Remy T, Cousin S R J, Singh R, et al. Adsorption and separation of C1−C8 alcohols on SAPO-34. The Journal of Physical Chemisty C, 2011, 115 (16)：8117-8125.

[45] Cousin S R J, Baron G V, Denayer J F M. Nonuniform chain-length-dependent diffusion of short 1-alcohols in SAPO-34 in liquid phase. The Journal of Physical Chemisty C, 2013, 117 (19)：9758-9765.

[46] Bonilla M R, Valiullin R, Kärger J, et al. Understanding adsorption and transport of light gases in hierarchical materials using molecular simulation and effective medium theory. The Journal of Physical Chemisty C, 2014, 118 (26)：14355-14370.

[47] Skoulidas A I, Sholl D S. Molecular dynamics simulations of self-diffusivities, corrected diffusivities, and transport diffusivities of light gases in four silica zeolites to assess influences of pore shape and connectivity. The Journal of Physical Chemisty A, 2003, 107 (47)：10132-10141.

[48] Combariza A F, Sastre G, Corma A. Molecular dynamics simulations of the diffusion of small chain hydrocarbons in 8-ring zeolites. The Journal of Physical Chemisty C, 2011, 115 (4)：875-884.

[49] Hedin N, DeMartin G J, Roth W J, et al. PFG NMR self-diffusion of small hydrocarbons in high silica DDR, CHA and LTA structures. Microporous and Mesoporous Materials, 2008, 109 (1)：327-334.

[50] Ghysels A, Moors S L C, Hemelsoet K, et al. Shape-selective diffusion of olefins in 8-ring solid acid microporous zeolites. The Journal of Physical Chemisty C, 2015, 119 (41)：23721-23734.

[51] De Moor B A, Reyniers M-F, Marin G B. Physisorption and chemisorption of alkanes and alkenes in H-FAU: A combined ab

initio–statistical thermodynamics study. Physical Chemistry Chemical Physics, 2009, 11 (16): 2939-2958.

[52] Piccini G, Alessio M, Sauer J, et al. Accurate adsorption thermodynamics of small alkanes in zeolites. Ab initio theory and experiment for H-Chabazite. The Journal of Physical Chemisty C, 2015, 119 (11): 6128-6137.

[53] Skoulidas A I, Ackerman D M, Johnson J K, et al. Rapid transport of gases in carbon nanotubes. Physical Review Letters, 2002, 89 (18): 185901.

[54] Pan X, Fan Z, Chen W, et al. Enhanced ethanol production inside carbon-nanotube reactors containing catalytic particles. Nature Materials, 2007, 6 (7): 507-511.

[55] Bhatia S K, Chen H, Sholl D S. Comparisons of diffusive and viscous contributions to transport coefficients of light gases in single-walled carbon nanotubes. Molecular Simulation, 2005, 31 (9): 643-649.

[56] Reed D A, Ehrlich G. Surface diffusion, atomic jump rates and thermodynamics. Surface Science, 1981, 102 (2): 588-609.

[57] Keskin S, Sholl D S. Efficient methods for screening of metal organic framework membranes for gas separations using atomically detailed models. Langmuir, 2009, 25 (19): 11786-11795.

第 5 章
分子筛表面传质对催化性能的影响

在分子筛催化过程中，传质和反应是密不可分的。当分子筛孔径或客体分子的大小变化时，会造成扩散速率发生成倍乃至数量级的改变，从而影响产物的选择性。在本章中，作者将探讨分子筛晶体客体分子传质的特点，并结合结构光照明显微成像技术，进一步分析表面传质对催化性能的影响。

5.1 分子筛单晶体的传质性质

研究表明，通过对客体分子的成像，可揭示分子筛传质的一些特点。成像所用的分子筛样品一般为微米级的晶体，粒度大小约为 20μm × 10μm × 10μm，具有较高结晶度，没有明显的杂相。图 5.1.1(a) 为 ZSM-5 分子筛样品的扫描电镜图。图 5.1.1(b) 为 ZSM-5 分子筛样品的氦离子扫描电镜图。可以看出，样品的外表面有类似于无定形的沉积物。

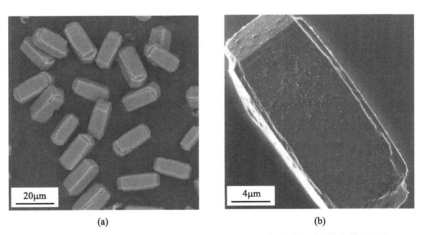

(a)　　　　　　　　　　　　　　(b)

图 5.1.1　ZSM-5 分子筛样品的扫描电镜图(a)与氦离子扫描电镜图(b)

5.1.1 结构光照明显微成像

荧光显微镜广泛应用于生物研究领域，目前也逐渐开始用于纳米材料的研究[1-3]。相较于干涉显微镜，共聚焦荧光显微镜具有共聚焦的光路，可以获得晶体任意截面的荧光信号，不仅可以观察客体分子进入单晶内部的过程，还能记录客体分子在晶体外表面的渗透作用。配备结构光照明显微成像技术可以突破光学衍射极限，因而使其具备更高的成像分辨率，更加适合于工业过程中常用的小晶体分子筛的研究。

结构光照明显微成像(structured illumination microscopy, SIM)是基于特定强度分布的照明成像技术，其原理可参考文献[4]。在荧光显微技术中，一般是通过点扩散函数的卷积和荧光强度的分布获取荧光图像，需要对荧光强度的频谱进行低通滤波，因而会忽略高频分量所反映的样品细节结构。而 SIM 技术则是利用了莫尔效应，通过一定结构的光照射样品获得具有莫尔条纹的图案。莫尔效应的影响下，可以将传统荧光显微镜被滤波的高频信息转化为低频区域，从而避免高频信息的丢失，进一步通过图像重构算法可以获得高分辨的图像，将传统荧光显微镜中无法检测到的高频信息还原，从而突破衍射极限[4]。

通过结构光照明显微成像技术可以获得分子筛样品中更为精确的荧光强度空间分布，在焦平面的空间分辨率可以达到 100nm，同时也能进行三维图像的重构，垂直方向的空间分辨率约为 250nm，该技术具有样品制备简单、成像速度快和视野大等优点。在分子筛样品的荧光信号分布测量实验中，将样品粉末分散在培养皿中，通过设置目标激发波长和调节焦平面，就可以获得对应激发波长下样品中心处或者顶面处的原始图像，经过进一步的图像重构可以得到高分辨荧光图像。

5.1.2　分子筛单晶体中的客体传质

分子筛单晶体中的客体传质包括表面传质与晶内扩散两个过程。在本小节中，重点介绍结构光照明显微成像技术研究 ZSM-5 分子筛单晶体中的客体扩散过程[5]。

利用荧光探针分子受激能够产生荧光信号的特性，可实现原位监测荧光探针分子在分子筛单晶体中的吸附和扩散。图 5.1.2 中给出了结构光照明显微成像截面示意图与所选用的荧光探针分子结构式。荧光检测步骤包括：将 ZSM-5 分子筛分散至共聚焦培养皿中，设置共聚焦面为 ZSM-5 分子筛单晶体的中心面；选用的荧光探针为反-4-[4-(二甲氨基)苯乙烯基]-1-碘化甲基吡啶(DAMPI)，该探针能够在激发波长为 488nm 情况下被稳定激发；仪器对应的检测波长为 500～545nm，浓度为 20μmol/L。室温下荧光探针在 ZSM-5 单晶体中的扩散过程如图 5.1.3 所示。

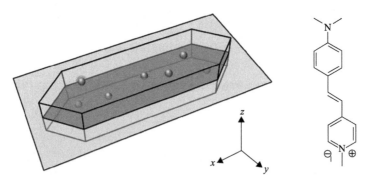

图 5.1.2　ZSM-5 分子筛单晶体的结构光照明显微成像截面与 DAMPI 探针分子结构式示意图

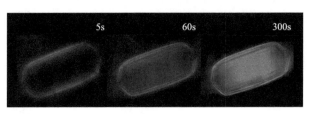

图 5.1.3 DAMPI 溶液中 ZSM-5 分子筛单晶体中心面的时间分辨结构光照明显微成像

从图 5.1.3 中可以看出：荧光信号首先在晶体边缘产生，对应着荧光探针的表面吸附、渗透过程；随后荧光逐渐在晶体内部产生，反映了荧光探针在晶体内部的扩散；最后整个 ZSM-5 分子筛均被荧光探针所覆盖。荧光信号的变化揭示了荧光探针在 ZSM-5 单晶体分子筛的表面传质与晶内扩散的过程。

选取沿着中轴(Y轴，晶体中心截面的中心轴线)的荧光信号数据，对 ZSM-5 单晶体中扩散行为进行分析。荧光信号强度能够反映探针分子的相对浓度大小。因此，可以根据晶体中探针分子的荧光信号强度随时间与空间的变化，得到探针分子的相对浓度的时空分辨演化过程。如图 5.1.4 所示，横坐标代表晶体沿着 Y 轴的空间位置，左、右纵坐标分别对应于探针分子的相对浓度与吸附时间。可以看出，在整个吸附过程中，探针在单晶体边缘的浓度在缓慢升高，其分子筛表面并没有瞬间达到吸附平衡。相对于晶体边缘浓度的缓慢上升，晶体内部的浓度曲线则能够相对快速变得平稳，从而使晶体内部的浓度能够保持与边缘浓度同步地一致提升。该结果表明，在此传质过程中，晶内扩散阻力相对较小，表面传质阻力主导着这一传质行为。

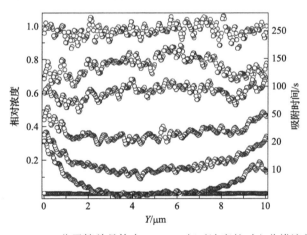

图 5.1.4 ZSM-5 分子筛单晶体中 DAMPI 相对浓度的时空分辨演化过程

进一步量化表面传质与晶内扩散，可采用双阻力模型对单晶体传质过程进行解耦，先利用表面传质系数公式拟合初始吸附曲线得到表面传质系数，再采用双阻力模型拟合整体吸附曲线得到晶内扩散系数，拟合结果如图 5.1.5 所示。

Remi 等[6]在 2016 年利用干涉显微镜(interference microscopy, IFM)方法，发现了同一批分子筛的不同单晶体之间的传质性质具有个体差异性。采用结构光照明显微技术同样发现了该现象[5]，并进一步得到了解耦的表面传质系数和晶内扩散系数。测定了 7 个单晶体中的 DAMPI 探针的吸附曲线，并通过对吸附曲线进行解耦，得到了 7 个单晶体中的表面传质系数与晶内扩散系数，结果如图 5.1.6 所示。

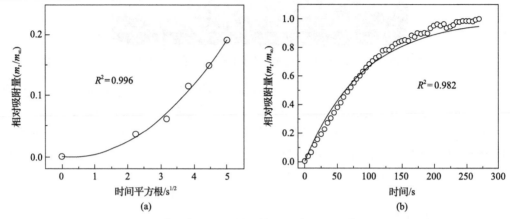

图 5.1.5　DAMPI 溶液中 ZSM-5 单晶体的初始(a)与整体(b)的相对吸附量

散点为实验结果；实线为双阻力模型拟合结果；R^2 为相关系数

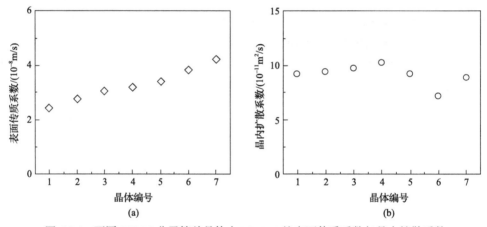

图 5.1.6　不同 ZSM-5 分子筛单晶体中 DMAPI 的表面传质系数与晶内扩散系数

所选中的单晶体均具有相似的形貌特征。从图 5.1.6 中可以看出，不同晶体(除 6 号晶体外)具有不同的表面传质系数和相近的晶内扩散系数，直接表明晶体之间的表面传质阻力具有差异性，而晶内扩散性质几乎一致，说明单晶体中传质的个体差异性是由表面传质阻力的差别所引起的。对于分子筛晶体内部而言，同一批分子筛的不同晶体中具有固定的拓扑结构和内部晶界，因而具备几乎一致的晶内扩散性质；对于分子筛晶体外表面而言，晶体生长的复杂性，推测在生长过程中难以时刻保持各晶体的外表面均处于相同的环境，使得晶体间的外表面形貌存在差异，从而可能导致每个单晶体都有特定的表面传质性质。

从图 5.1.6 中可见，编号为 6 的单晶体中相较于其他晶体，其晶内扩散系数较低。该晶体内部具有明显的内部缺陷，可能存在孔道错位或失配的情况，从而形成额外的晶内扩散阻力，如图 5.1.7 所示。因此，晶内缺陷也可能成为单晶体传质差异的原因之一。

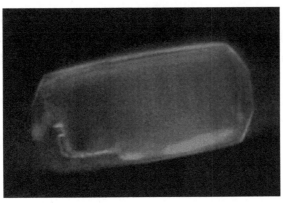

图 5.1.7　存在额外晶内扩散阻力的 ZSM-5 单晶体分子筛结构光照明显微成像

5.1.3　分子筛单晶体表面传质研究

研究表明，分子筛中客体分子的表面传质过程可能主导着整个传质过程。例如，5.1.2 小节中的图 5.1.4 就揭示了由表面传质主导的传质过程。为了进一步了解表面传质的基本性质，采用结构光照明显微成像技术研究了 ZSM-5 分子筛单晶体中的表面传质过程。

针对分散在共聚焦培养皿中的 ZSM-5 分子筛，设置检测共聚焦面为 ZSM-5 分子筛单晶体的顶面，即分子筛表面，并选用与 5.1.2 小节相同的荧光探针、激发波长和探针浓度，则可以得到室温下荧光探针在 ZSM-5 单晶体中的表面传质过程，如图 5.1.8 所示。

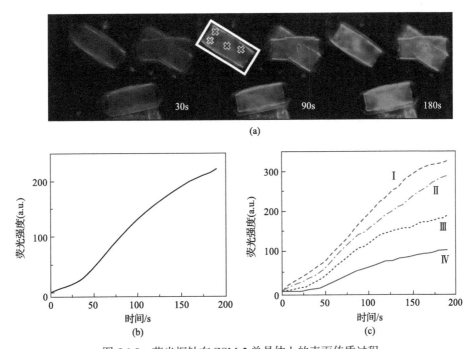

图 5.1.8　荧光探针在 ZSM-5 单晶体上的表面传质过程

(a)DAMPI 溶液中 ZSM-5 分子筛单晶体顶面的时间分辨结构光照明显微成像；(b)、(c)上述所选单晶体表面的
整体和局部平均荧光强度信号演化

从图 5.1.8(a)可以看出，对于选定视野中的 ZSM-5 分子筛单晶体，荧光信号在晶体表面迅速产生，表明探针分子在接触分子筛晶体后迅速发生表面吸附与传质过程。在扩散开始时，整个 ZSM-5 单晶体外表面几乎均被荧光探针所覆盖，但其荧光强度并不均匀。随着吸附的进行，晶体表面的荧光信号强度逐渐增加。在图 5.1.8(b)中，记录了整个 ZSM-5 单晶体的荧光信号强度演化过程。可以看出，探针分子在接触 ZSM-5 分子筛单晶体表面时，并不能瞬间达到吸附平衡，晶体边缘的浓度在缓慢增加。这些结果表明探针分子是逐渐传递到晶体表面，该传质过程受到了表面传质阻力的限制。从单晶体的微观视角，该实验为表面传质阻力的存在提供了直接证据。

单晶体表面的非理想性被认为是影响表面传质阻力的重要原因之一。如图 5.1.1(b)所示，采用氦离子显微技术可以检测到 ZSM-5 分子筛单晶体外表面具有明显的非定性相，这些表面沉积有可能会造成分子筛外表面堵孔，从而构成额外的表面传质阻力；同时也可以看出分子筛晶体表面是不均匀的，这也可能会影响分子筛的表面传质性质。因此，为了进一步对表面传质阻力性质进行研究，选取了同一个 ZSM-5 分子筛单晶体中的不同表面区域，对探针分子的荧光信号强度进行了原位监测，如图 5.1.8(c)所示。可以看出，所选取的四个区域的荧光信号强度均在缓慢增加，表明每个区域的传质过程都受到了表面传质阻力的影响；并且所选区域的荧光强度信号的升高速率有着明显的区别，表明探针分子在分子筛表面的浓度并不均匀，在单晶体中不同表面区域的表面传质阻力有显著差别。这种单晶体表面的非均匀性可能与表面形貌有关。

5.2　分子筛表面传质的调控

如 5.1.3 小节所述，对于一些体系，表面传质阻力会主导整个传质过程[5,6]。因此，类似于晶内扩散，表面传质也会显著影响催化反应。在本节中，通过表面改性，改变了 ZSM-5 分子筛和 SAPO-34 分子筛的表面传质阻力，并研究了它们对非均相催化过程的影响[7, 8]。

5.2.1　ZSM-5 分子筛表面传质调控及对反应的影响

制备具有不同表面传质阻力的 ZSM-5 分子筛样品，可选择水热合成法合成 ZSM-5，并将该前驱体命名为 ZSM-5-P。考虑到传统表面改性所采用的氢氟酸可能会对晶体内部结构造成破坏，选用盐酸溶液对带模板剂的 ZSM-5-P 原粉进行处理以保留其完整的晶体内部孔道结构。经外表面酸刻蚀后的样品命名为 ZSM-5-H。

图 5.2.1 为 ZSM-5-P 与 ZSM-5-H 的 X 射线粉末衍射图。这两个样品均具有典型的 MFI 结构的衍射峰，表明 ZSM-5 分子筛在盐酸处理过程中保持了较高的稳定性。采用衍射角为 7.9°、8.8°和 23.1°的峰值计算出相对结晶度，可以得出经过修饰后的 ZSM-5-H 结晶度略微降低至 95%。通过 X 射线荧光光谱可以计算得出 ZSM-5-P 在经过酸刻蚀后，硅铝比由原来的 100.3 升高至 102.1，能量色散 X 射线光谱表明 ZSM-5-P 样品晶体外缘的硅铝比为 73.8，说明原始样品具有外表面富铝的特点，在刻蚀后 ZSM-5-H 样品晶

体外缘的硅铝比提升至 80.1。因此，推测酸刻蚀处理会造成的 ZSM-5 分子筛外表面脱铝。

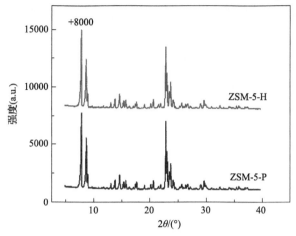

图 5.2.1　ZSM-5-P 与 ZSM-5-H 的 X 射线粉末衍射图

图 5.2.2 为 ZSM-5-P 与 ZSM-5-H 样品的氦离子扫描电镜图。氦离子扫描电镜结果显示该 ZSM-5-P 样品为微米级晶体，粒度大小约为 20μm × 10μm × 10μm。氦离子扫描电镜图具备较高的成像对比度，用于精确展现分子筛外表面的形貌。从图 5.2.2 中可以看出 ZSM-5-P 样品的表面存在无定形沉积，而 ZSM-5-H 样品的外表面无定形相则相对减少，其晶体表面光滑度有所提高。

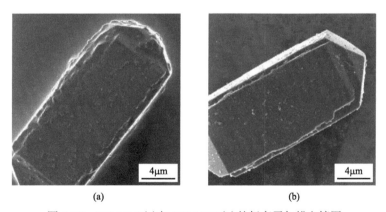

图 5.2.2　ZSM-5-P(a)与 ZSM-5-H(b)的氦离子扫描电镜图

在图 5.2.3 中给出了 500℃焙烧 30min 后部分去模板的 ZSM-5-P 与 ZSM-5-H 样品的结构光照明显微成像结果，对于晶体内部结构是否被破坏的研究，采用部分焙烧模板剂的方法，通过结构光照明显微成像技术监测残留模板剂中的荧光信号，以获取分子筛内部的结构信息。从图 5.2.3 中可以看出样品单晶体中均具有由分子筛内部孔道翻转构成的晶体内部晶界，展示出明显的沙漏形状，说明在经过改性处理前后内部晶界均是完整的，在改性过程中 ZSM-5 分子筛内部结构具有很高的稳定性。

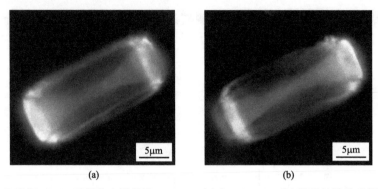

图 5.2.3　500℃焙烧 30min 后部分去模板的 ZSM-5-P(a)与 ZSM-5-H(b)样品的结构光照明显微成像图

图 5.2.4 中给出了 ZSM-5-P 与 ZSM-5-H 样品的亲水性测试的接触角结果。可以看出，ZSM-5-P 的接触角为 16.7°，ZSM-5-H 的接触角为 13.4°，样品间的亲水性没有明显的变化，说明酸刻蚀没有对样品的亲水性造成显著影响。

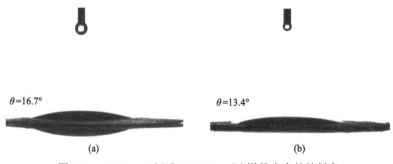

图 5.2.4　ZSM-5-P(a)和 ZSM-5-H(b)样品中水的接触角

在图 5.2.5 中展示了两种 ZSM-5 分子筛样品的氮气吸脱附等温线。氮气吸脱附等温线中，样品均没有明显的滞留环，说明分子筛样品主要为微孔结构。通过氮气吸脱附等温线可以获得孔径分布图与相关的孔道结构与酸性质参数，如图 5.2.6 和表 5.2.1 所示。

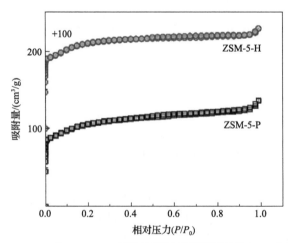

图 5.2.5　ZSM-5-P 和 ZSM-5-H 样品的氮气吸脱附等温线(STP 为标准状态)

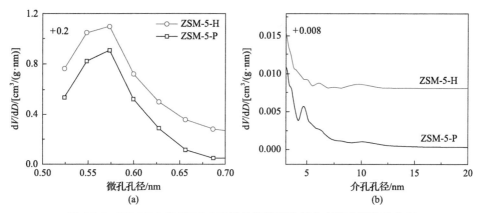

图 5.2.6　ZSM-5-P 和 ZSM-5-H 样品的微孔孔径分布和介孔孔径分布

表 5.2.1　ZSM-5-P 与 ZSM-5-H 样品的孔道结构与酸性质参数

样品	V_{total}①/(cm³/g)	S_{BET}②/(m²/g)	S_{ext}③/(m²/g)	H^+_{weak}④/(mmol/g)	H^+_{strong}④/(mmol/g)
ZSM-5-P	0.20 ± 0.01	375 ± 3	36 ± 2	0.098 ± 0.002	0.206 ± 0.006
ZSM-5-H	0.19 ± 0.01	389 ± 1	17 ± 1	0.088 ± 0.004	0.218 ± 0.003

①根据 $p/p_0 = 0.99$ 处的氮吸附体积计算的总孔体积（V_{total}）。
②根据 BET 方法计算的比表面积（S_{BET}）。
③根据 t-plot 方法计算的外表面积（S_{ext}）。
④根据氨气程序升温脱附（NH₃-TPD）曲线计算的弱酸（H^+_{weak}）与强酸（H^+_{strong}）密度。

　　从图 5.2.6 中可以看出，ZSM-5-P 与 ZSM-5-H 样品具有相似的微孔孔径分布，均为 MFI 的孔径，约为 0.57nm。但对于介孔分布区域，可以明显看出原始样品具有约为 4nm 的介孔，而在经过外表面刻蚀处理后的 ZSM-5-H 样品中，介孔明显减少。从表 5.2.1 中的孔道结构参数可以看出，相比于原始的分子筛，经过刻蚀后外表面的比表面积下降，推测改性会去除外表面的无定形相所产生的介孔。

　　图 5.2.7 中给出了 ZSM-5-P 与 ZSM-5-H 样品的氨气程序升温脱附与漫反射红外光谱结果。在氨气程序升温脱附图中，在 226℃与 415℃处具有明显的脱附峰，分别对应 ZSM-5 分子筛中的弱酸与强酸中心，改性前后的样品出峰位置没有明显的偏移，说明酸强度没

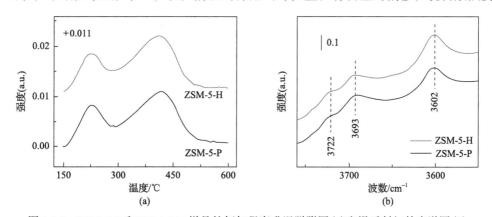

图 5.2.7　ZSM-5-P 和 ZSM-5-H 样品的氨气程序升温脱附图(a)和漫反射红外光谱图(b)

有明显变化。基于脱附峰可以分别计算获得弱酸与强酸的定量结果，如表 5.2.1 所示。根据表 5.2.1 可以看出酸密度有轻微的变化。样品在经过刻蚀后，分子筛中的弱酸密度有所下降而强酸密度有所上升。在漫反射红外光谱图中，在波数为 3602cm^{-1}、3693cm^{-1} 和 3722cm^{-1} 处有明显的吸收，分别对应于桥接羟基 Si(OH)Al、非骨架铝 Al(OH)与硅羟基 Si(OH)。在经过外表面刻蚀后，桥接羟基 Si(OH)Al 的吸收强度有轻微提高，说明布朗斯特(Brønsted)酸中心数量略有增加，这与强酸密度的增加对应。

图 5.2.8 为吸附吡啶后未焙烧(含模板剂)的 ZSM-5-P 与 ZSM-5-H 样品的结构光照明显微成像图。吡啶吸附至分子筛的酸性位点上可激发出荧光信号，因此采用结构光照明显微成像技术测定吸附吡啶后含模板剂的 ZSM-5 可以得到分子筛表面酸密度相对值。结构光照明显微成像图表明，ZSM-5-P 分子筛外缘的荧光信号较弱，而经过刻蚀的 ZSM-5-H 样品荧光信号较强。通过定量检测荧光强度大小，如图 5.2.9 所示，结果表明，ZSM-5-H 样品中具有更高的荧光强度，表明经过刻蚀后的分子筛晶体表面会暴露出更多的酸性位点。

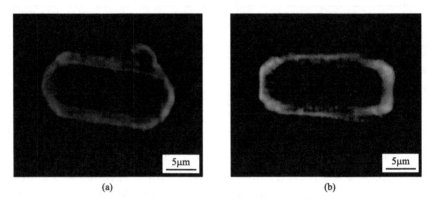

(a)   (b)

图 5.2.8　吸附吡啶后未焙烧 ZSM-5-P(a)和 ZSM-5-H(b)样品的结构光照明显微成像
激发波长为 488nm，检测波长为 500~545nm

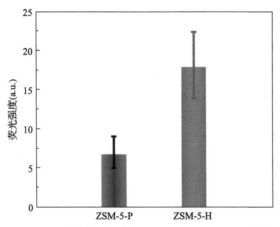

图 5.2.9　吸附吡啶的未焙烧 ZSM-5-P 和 ZSM-5-H 荧光强度

在本小节中，以甲醇呋喃齐聚反应作为反应模型。甲醇呋喃在 Brønsted 酸的作用下会发生聚合反应从而产生荧光。因此，在扩散实验中，为了避免由于反应物聚合对扩散系数的测定产生影响，采用具有相似结构的乙基环戊烷作为探针分子。虽然乙基环戊烷与甲醇呋喃具有明显不同的物理化学性质，如极性反应活性等，但是作者认为采用一个分子大小相当的惰性探针代替具有反应活性的吸附质进行扩散实验是合理的，可以排除反应所带来的影响。尽管这并不能反映甲醇呋喃真实的扩散系数，但能够反映出因表面改性所引起的表面传质系数与晶内扩散系数的变化。图 5.2.10 中给出了采用智能重量分析仪测得得到的 ZSM-5-P 与 ZSM-5-H 样品吸附速率曲线。有了吸附速率曲线后，利用式(3.1.36)与式(4.1.1)就可以得到表面传质系数与晶内扩散系数。

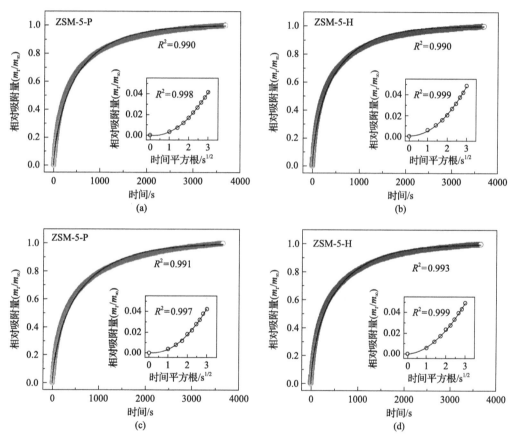

图 5.2.10　在温度为 25℃，压力为 0～1mbar[(a)、(b)]与 1～2mbar[(c)、(d)]条件下
ZSM-5-P 和 ZSM-5-H 样品的吸附速率曲线
散点为实验结果；实线为双阻力模型拟合结果；R^2 为相关系数

　　图 5.2.11 中展示了不同压力下 ZSM-5-P 和 ZSM-5-H 样品中由吸附速率曲线解耦的乙基环戊烷的晶内扩散系数和表面渗透率，可以看出改性前后的样品均具有几乎一致的晶内扩散系数。这能够与上述一系列的晶内特征的表征结果相对应。而对于表面传质，经过刻蚀后的 ZSM-5-H 分子筛表面渗透率有所提高，在不同压力下均提高了 30%。

　　基于对表面修饰前后的 ZSM-5 分子筛的测定结果，可以推断分子筛表面的介孔无定形相可能是造成该体系的额外表面传质阻力的原因之一：外表面无定形沉积层会阻碍客

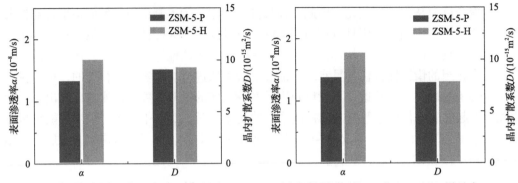

图 5.2.11　在压力为 0～1mbar(a)与 1～2mbar(b)条件下 ZSM-5-P 和 ZSM-5-H 样品中由吸附速率曲线解耦的乙基环戊烷的表面渗透率和晶内扩散系数

体分子进入分子筛，从而造成表面渗透率降低；而通过盐酸刻蚀的方法可以将表面的无定形进行部分去除，能够保证不破坏晶体内部的情况下，提升客体分子的表面传质效率。同时，外表面无定形相的去除使得外表面的弱酸减少，从而暴露出被无定形掩盖的部分表面强酸，使分子筛表面强酸密度升高。

　　利用甲醇呋喃缩合反应在室温下对 ZSM-5 样品进行评价，在单颗粒层面探究了表面传质阻力对分子筛催化反应的影响。具体操作为将 10mg ZSM-5 分子筛分散于体积浓度为 1%的甲醇呋喃水溶液中，并选取不同反应时间的样品，对其产物荧光的空间分布进行结构光照明显微成像(采用激发波长为 561nm,仪器检测波长为 570～640nm)，如图 5.2.12所示。

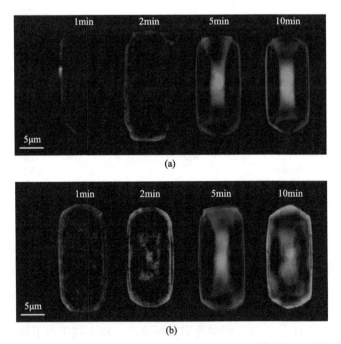

图 5.2.12　不同反应时间的典型 ZSM-5-P(a)和 ZSM-5-H(b)分子筛晶体中甲醇呋喃缩合反应的结构光照明显微成像

随着甲醇呋喃缩合反应的进行，荧光信号从 ZSM-5-P 分子筛边缘开始产生，这是由于甲醇呋喃最先接触分子筛的外层并发生缩合反应而产生荧光产物。随着时间的推移，晶体中心开始出现荧光信号，表明甲醇呋喃以及反应中间体开始逐渐在分子筛晶体内部扩散并发生缩合反应。最后，分子筛晶体内部的荧光信号呈现出沙漏型的特点，这是由内部晶界或酸性位点分布不均导致的。对比原始的 ZSM-5-P 样品，在经过刻蚀的 ZSM-5-H 样品中，荧光信号能够迅速在分子筛晶体边缘处产生，并且更为迅速地出现在晶体内部及充满整个 ZSM-5 分子筛单晶体。

具体而言，荧光信号能够更为迅速地在 ZSM-5-H 分子筛单晶体的外缘产生。一方面是刻蚀处理后的样品表面具有更多的强酸，使得晶体表面的甲醇呋喃缩合反应更为剧烈，导致荧光信号更快产生。另一方面，经过刻蚀后，ZSM-5-H 分子筛具有更高的表面渗透率，甲醇呋喃扩散过程所需要克服的表面传质阻力减小，因而会更加迅速地扩散至分子筛晶体边缘，从而使得边缘处甲醇呋喃缩合反应得更为迅速。

荧光信号能够更为迅速地在 ZSM-5-H 分子筛单晶体中心产生并逐渐充满。考虑到 ZSM-5 分子筛晶体内部的物理化学性质没有发生明显变化，并且晶内边界也得到了保留，因此推断这一现象主要是表面传质阻力的差别所引起的。甲醇呋喃更易穿过分子筛表面，并渗透至分子筛晶体内部，使其能迅速在晶体内部发生缩合反应，继而发生催化反应产生荧光产物。因此，具有更高表面渗透率的分子筛也具备着更强的甲醇呋喃缩合能力。

为了避免实验的偶然性以及考虑到晶体之间的差异性，同时测定了相同条件下多个晶体内的荧光信号，结果与上述结论一致。定义荧光覆盖率为荧光信号所占据分子筛晶体的归一化面积，并对单晶体样品的荧光覆盖率随时间演化过程进行统计。如图 5.2.13 所示，ZSM-5-H 中的荧光覆盖率随时间的变化速率要明显高于原始的 ZSM-5-P 样品，说明减少分子筛的表面传质阻力可以明显提高分子筛的利用效率。

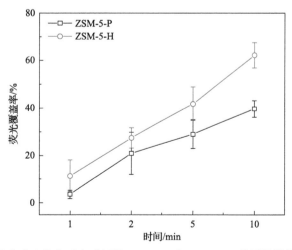

图 5.2.13　不同甲醇呋喃缩合反应时间的 ZSM-5-P 和 ZSM-5-H 分子筛晶体中的荧光覆盖率

同时，取出反应过程中的分子筛，进行了紫外可见光谱测定，结果如图 5.2.14 所示。

在不同反应时间下，反应后的分子筛样品在波长为 465nm、560nm、590nm、660nm 与 745nm 处具有明显的吸收峰，分别对应不同程度的缩合产物。对比相同时间的原始样品，ZSM-5-H 在不同反应时间、各个波长下均具有更强的吸收，表明其具有更高的甲醇呋喃缩合速率。为了进一步量化催化反应速率且对应结构光照明显微成像的结果，选取吸收波长为 560nm 处吸收峰作为目标产物的相对产量，通过计算产物的生成速率，可以得出刻蚀后的分子筛平均催化效率提高了 25%。

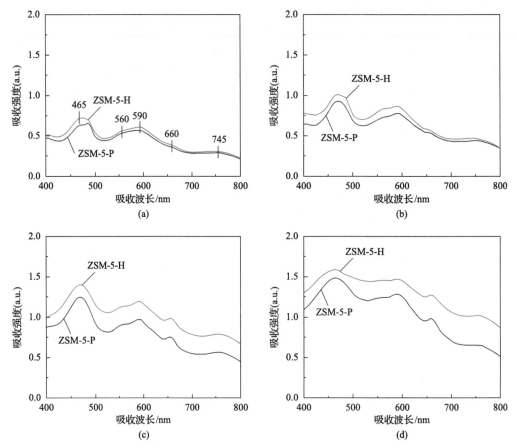

图 5.2.14　在进行甲醇呋喃缩合反应时间为 1min(a)、2min(b)、5min(c) 和 10min(d) 时 ZSM-5-P 和 ZSM-5-H 分子筛的紫外可见光谱图

5.2.2　SAPO-34 分子筛表面传质调控及对反应的影响

在本小节中，通过酸刻蚀和液相沉积法对 SAPO-34 分子筛样品进行表面改性，从而改变分子筛的表面传质阻力。在实验中，将由水热合成法合成的 SAPO-34 分子筛作为前驱体，命名为 SAPO-34-B。选用乙酸溶液对带模板剂的 SAPO-34-B 原粉进行处理，以通过酸溶液去除分子筛表面的缺陷结构从而达到减小表面阻力的目的。将经过表面酸刻蚀的样品命名为 SAPO-34-H。在液相沉积法中，采用正硅酸乙酯作为前驱体在 SAPO-34-B 的晶体外表面进行二氧化硅沉积，以造成分子筛外表面孔道堵塞，使得分

子筛表面传质阻力增加；经过多次循环的化学沉积处理后的样品命名为 SAPO-34-L。正硅酸乙酯的分子直径远大于 SAPO-34 分子筛的孔道大小，因此沉积改性并不会影响到分子筛晶体内部结构。为了研究改性前后样品之间物理化学性质、扩散性能的区别，采用 X 射线粉末衍射、X 射线荧光光谱、扫描电镜、透射电镜、氦离子显微技术、氮气物理吸附、氨气程序升温脱附、漫反射红外光谱、智能重量分析仪等对 ZSM-5 分子筛进行表征。

图 5.2.15(a)中给出了原始样品 SAPO-34-B、醋酸改性的 SAPO-34-H 和液相沉积的 SAPO-34-L 的 X 射线粉末衍射图。三个样品均具有典型的 CHA 结构的衍射峰，表明 SAPO-34 分子筛在醋酸处理与液相沉积过程中都具有较高的稳定性。采用衍射角为 9.4°、12.8° 和 20.5°的峰值计算出相对结晶度，结果如表 5.2.2 所示，表明经过修饰后的 SAPO-34 样品结晶度没有明显变化。通过 X 射线荧光光谱可以计算得出硅铝比，如表 5.2.2 所示，表明三个样品间的硅铝比没有明显区别。

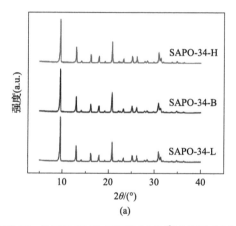 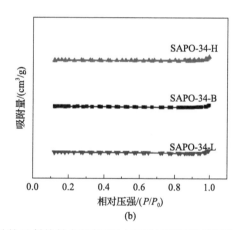

图 5.2.15　SAPO-34-H，SAPO-34-B 和 SAPO-34-L 样品的 X 射线粉末衍射图(a)和氮气吸脱附等温线(b)

表 5.2.2　SAPO-34-H、SAPO-34-B 和 SAPO-34-L 样品的物理化学性质

样品	$R^①$/%	Si/Al^②	S_{micro}/(m²/g)	V_{micro}/(cm³/g)	酸密度^③/(mmol/g)
SAPO-34-B	100	0.23	542.9	0.28	1.38
SAPO-34-L	102	0.23	542.8	0.27	1.39
SAPO-34-H	101	0.24	546.4	0.28	1.38

①根据衍射角为 9.4°、12.8°和 20.5°的峰值计算相对结晶度 R。
②根据 X 射线荧光光谱计算硅铝比 Si/Al。
③根据 NH₃-TPD 图计算总酸密度。
④S_{micro} 为微孔表面积，V_{micro} 为微孔体积。

在图 5.2.15(b)中，给出了改性前后的 SAPO-34 分子筛样品的氮气吸脱附等温线。通过氮气吸脱附等温线可以获得相关的孔结构参数，如表 5.2.2 所示。在氮气吸脱附等温线中，样品均没有明显的滞留环，说明分子筛样品为微孔结构，表明在刻蚀与液相沉积过程中，分子筛样品没有介孔产生。

图 5.2.16 列出了 SAPO-34-B、SAPO-34-H 和 SAPO-34-L 样品的扫描电镜图、氦离

子扫描电镜图和透射电镜图。扫描电镜结果显示该 SAPO-34-B 样品为微米级的立方体结构，粒度大小约为 2μm，经过酸刻蚀和液相沉积后的分子筛样品大小、形貌没有明显的变化。氦离子扫描电镜能更为细致地展现出 SAPO-34 分子筛晶体表面的形貌。从氦离子电镜图可以看出，SAPO-34-B 样品的表面光滑，仅有少量的无定形沉积，在经过乙酸处理后，SAPO-34-H 样品的表面出现表面浅槽，在经过液相沉积后，SAPO-34-L 样品出现较为明显的无定形沉积。透射电镜图结果表明，尽管 SAPO-34-B 样品的外表面看似光滑，实际上仍然具有一层厚度约为 3nm 的无定形沉积层，在经过乙酸处理后得以去除，而在经过液相沉积后，分子筛表面无定形沉积层明显增厚。

图 5.2.16　SAPO-34-H[(a)～(c)]、SAPO-34-B[(d)～(f)]和 SAPO-34-L[(g)～(i)]样品的扫描电镜图[(a)、(d)、(g)]、氦离子扫描电镜图[(b)、(e)、(h)]和透射电镜图[(c)、(f)、(i)]

在图 5.2.17 中，给出了 SAPO-34-B、SAPO-34-H 和 SAPO-34-L 样品的氨气程序升温脱附与漫反射红外光谱结果。在氨气程序升温程序图中，187℃与 421℃处具有明显的脱附峰，分别对应 SAPO-34 分子筛中的弱酸与强酸中心，基于脱附峰可以计算样品中的总酸量，如表 5.2.2 所示。结果表明改性前后的样品酸强度、酸密度没有明显变化。在漫反射红外光谱图中，在波数为 3616cm^{-1} 和 3594cm^{-1} 处有明显的吸收，分别对应于高频与低频的桥接羟基 Si(OH)Al 吸收峰，代表着具有催化活性的 Brønsted 酸中心。样品间羟基峰的吸收强度没有明显区别，说明在经过表面修饰并不会影响分子筛内部的酸性位点。

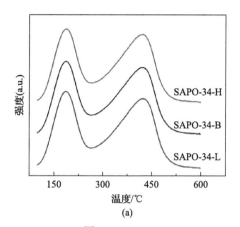
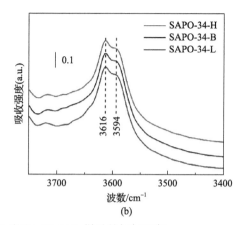

图 5.2.17 SAPO-34-H，SAPO-34-B 和 SAPO-34-L 样品的氨气程序
升温脱附图(a)和漫反射红外光谱图(b)

图 5.2.18 为吸附吡啶后的 SAPO-34-B、SAPO-34-H 和 SAPO-34-L 样品的红外光谱。吡啶的分子直径大于 SAPO-34 分子筛的孔口大小，因此可用于检测 SAPO-34 分子筛表面酸密度。在红外光谱图中，波数为 1546cm^{-1} 和 1448cm^{-1} 处的吸收峰分别对应于分子筛外表面的 Brønsted 酸中心与路易斯(Lewis)酸中心。可以明显看出，样品表面的 B 酸与 L 酸的吸收峰都较小且样品间差异不大，表明样品间的表面酸性差异不大，其表面酸量甚至可以忽略不计。

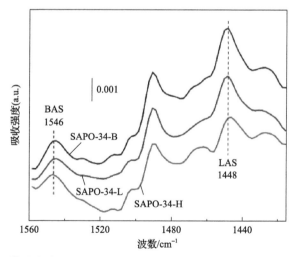

图 5.2.18 吸附吡啶后 SAPO-34-H，SAPO-34-B 和 SAPO-34-L 样品的红外光谱图

在本小节中，以甲醇制烯烃过程作为反应模型，并选择丙烷与甲醇作为探针分子用于吸附速率曲线的测定。如图 5.2.19 所示，利用式(3.1.36)即可通过初始速率曲线直接获取丙烷的表面传质系数，再将其代入双阻力模型[式(4.1.1)]，即可通过拟合整体吸附速率曲线得到丙烷的晶内扩散系数。在图 5.2.19 和图 5.2.20 中，给出了 SAPO-34-B、SAPO-34-H 和 SAPO-34-L 样品的初始吸附速率曲线与整体吸附速率曲线。

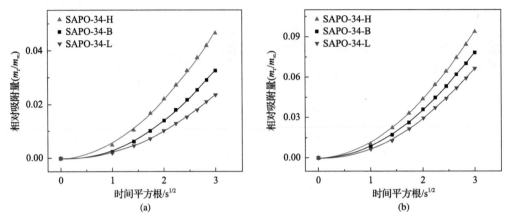

图 5.2.19　丙烷(在温度为 40℃、压力为 0～5mbar 条件下)(a)与甲醇(在温度为 20℃、压力为 0.6～1.2mbar 条件下)(b)在 SAPO-34-H、SAPO-34-B 和 SAPO-34-L 样品中的初始吸附速率图

散点图为实验结果；实线为拟合结果；相关系数 R^2 均大于 0.999

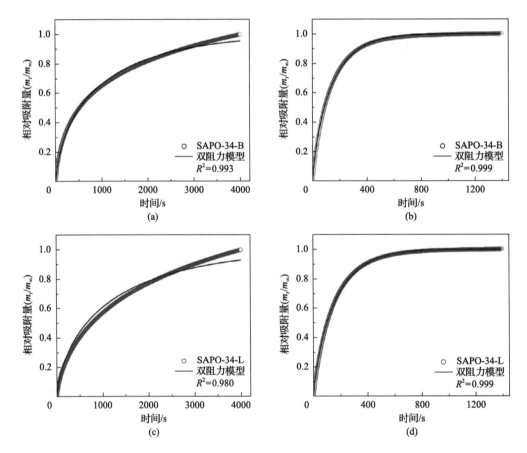

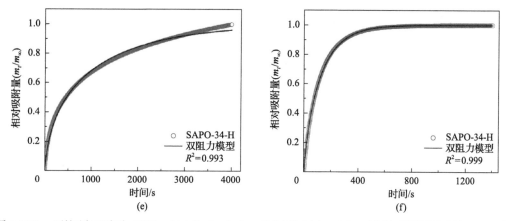

图 5.2.20 丙烷（在温度为 40℃，压力为 0～5mbar 条件下）[（a）、（c）、（e）]与甲醇（温度为 20℃，压力为 0.6～1.2mbar 条件下）[（b）、（d）、（f）]在 SAPO-34-H、SAPO-34-B 和 SAPO-34-L 样品中的整体吸附速率图

散点图表示实验结果，实线表示拟合双阻力模型结果，R^2 表示相关系数

在图 5.2.21 中，展示了不同 SAPO-34 分子筛样品中表面渗透率与晶内扩散系数。可以看出，改性前后的样品均具有几乎一致的晶内扩散系数，这与上述晶内特征没有发生明显变化的表征相对应。经过乙酸刻蚀后的 SAPO-34-H 分子筛表面渗透率显著提高，而液相沉积后的 SAPO-34-L 分子筛表面渗透率有所降低。为了进一步确认传质性能的变化，选用甲醇测定了吸附速率曲线，得到的表面渗透率与晶内扩散系数的情况与丙烷类似。

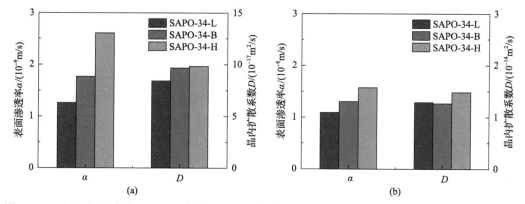

图 5.2.21 在丙烷（温度为 40℃，压力为 0～5mbar 条件下）（a）与甲醇（温度为 20℃，压力为 0.6～1.2mbar 条件下）（b）在 SAPO-34-H，SAPO-34-B 和 SAPO-34-L 样品中的表面渗透率（α）与晶内扩散系数（D）

传统的采用第一类边界条件的吸附速率法在控制方程上并没有直接考虑表面传质的影响，但吸附速率曲线实际上已经包含了表面传质阻力的效应。因此，在表面传质阻力效应不能忽略的情况下，利用式（2.2.29）得到的测量结果实际上就是有效扩散系数。通过对比利用式（2.2.29）拟合得到的有效扩散系数与利用式（3.1.37）得到的有效扩散系数，可以发现，两者的数值是一致的，如图 5.2.22 所示。样品的有效扩散系数大小排序

为 SAPO-34-L < SAPO-34-B < SAPO-34-H，这与表面渗透率的变化规律一致。在晶内扩散系数一致的前提下，有效扩散系数的变化规律可以定性地反映出表面传质系数的变化。但当晶内扩散系数的一致性不能确定时，或者分子筛晶体的粒径有较大变化的情况下，有效扩散系数的变化并不能直接反映出晶体的表面传质阻力和晶内扩散阻力的相对变化。因此，为了明确晶体传质的影响机制，需要将晶体的表面传质与晶内扩散进行定量区分。

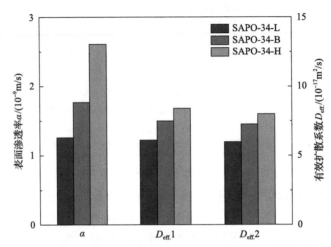

图 5.2.22　SAPO-34-H、SAPO-34-B 和 SAPO-34-L 样品中丙烷的表面渗透率与采用式(2.2.29)和式(3.1.37)得到的有效扩散系数

　　为了探究表面传质阻力对 MTO 催化反应性能的影响，利用微型固定床装置对 SAPO-34 分子筛催化剂进行甲醇制烯烃反应评价。在图 5.2.23 中，给出了 SAPO-34-B、SAPO-34-H 和 SAPO-34-L 分子筛催化剂在 450℃、甲醇质量空速为 5h^{-1} 的条件下的甲醇转化率与低碳烯烃选择性随反应时间的变化图。此处，定义催化剂寿命为甲醇转化率到达 95%时的反应时间。

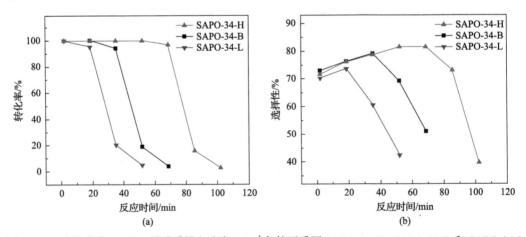

图 5.2.23　在温度为 450℃、甲醇质量空速为 5.0h^{-1} 条件下采用 SAPO-34-H、SAPO-34-B 和 SAPO-34-L 分子筛催化剂进行 MTO 反应评价的甲醇转化率(a)与低碳烯烃(乙烯、丙烯)选择性(b)

从甲醇转化率图中可以看出，原始样品 SAPO-34-B 的催化寿命为 35min。经过刻蚀的 SAPO-34-H 样品的催化寿命延长至 69min，而经过化学沉积后的 SAPO-34-L 的催化寿命缩短至 19min。由于 SAPO-34-B、SAPO-34-H 和 SAPO-34-L 分子筛催化剂内部的孔道结构与酸性质几乎一致，因此催化寿命的变化与表面性质相关。随着 SAPO-34 分子筛表面阻力的降低，甲醇制烯烃催化寿命延长。对于低碳烯烃选择性，在原始样品 SAPO-34-B 中最高可达到 79.2%，在 SAPO-34-H 样品中升高至 81.6%，而在 SAPO-34-L 样品中则降低至 73.6%，如图 5.2.23（b）所示。这说明降低 SAPO-34 分子筛表面传质阻力可以有效提高 MTO 反应的低碳烯烃选择性。

在图 5.2.24 中，给出了 SAPO-34 分子筛催化剂寿命与丙烷、甲醇表面渗透率的关系。可见，MTO 催化剂寿命与表面渗透率存在着某种关系。

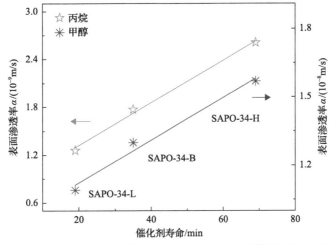

图 5.2.24 丙烷和甲醇的表面渗透率与 SAPO-34 分子筛催化剂寿命的关系
散点为实验结果；实线为线性拟合结果

以上实验结果表明，表面传质影响 MTO 催化反应性能。初步推测表面传质阻力会限制反应物与生成物的传质，从而限制了反应过程中低碳烯烃及时扩散至 SAPO-34 分子筛笼外，进一步发生转化形成积炭，使得分子筛迅速失活，催化寿命缩短，低碳烯烃选择性降低。这些推测仍然需要进一步的理论与实验进行支撑。

5.3 表面传质对甲醇制烯烃的影响

在本节，通过理论模型和实验的结合，将进一步探索 SAPO-34 分子筛表面传质阻力对甲醇制烯烃反应的影响。首先，针对简化的 MTO 反应网络，建立 MTO 反应与传质的理论模型，得到简化解析表达式，从而刻画表面传质、晶内扩散以及反应的作用关系；其次，再利用原位紫外可见光谱、原位红外光谱，针对不同表面传质阻力的 SAPO-34 分子筛晶体，探索 MTO 反应中有机前驱体、积炭生成和催化活性中心的演化过程；最后，借助结构光照明显微成像技术与色质联用分析确定表面传质阻力对于积炭物种以及其空间分布的影响。

5.3.1 传质与反应的简化模型

本节建立了简化的传质反应模型，定性分析表面传质阻力变化对反应物、产物以及积炭的影响。在模型中，反应物、产物和积炭在一定程度上是相互独立的。针对固定床反应器的 MTO 过程，所建立的简化反应传质模型包括了 MTO 简化的反应动力学模型、分子筛的表面传质和晶内扩散模型，以及固定床的简化流动模型。

根据双循环机理，反应物甲醇经过烯烃循环与芳烃循环产生烯烃产物，这两个过程分别与酸催化活性位点浓度和多甲基苯碳正离子浓度相关。由于 MTO 反应非常复杂，首先需要对反应动力学模型进行简化。在简化模型中，侧重关注甲醇转化的总效果，故假设烯烃循环与芳烃循环中的甲醇转化速率接近，从而忽略两个循环的转化率差异。对于烯烃，则假设烯烃产物生成速率与甲醇浓度成正比(假设甲醇经两个循环转化的烯烃的生成速率相近)，其消耗速率(生成积炭)与自身浓度成正比。故分子筛晶体内的甲醇转化、烯烃生成以及积炭生成等过程，可以简单地描述为 MeOH $\longrightarrow$ P + H_2O, P + site $\longrightarrow$ coke。其中 P 为烯烃产物，site 为活性位点，coke 为积炭。采用这两个简单反应可以捕捉甲醇转化和积炭产生的主要特征，以近似描述 MTO 反应初始阶段和高效转化阶段的气固两相行为。

根据上述简化的 MTO 反应模型，SAPO-34 分子筛晶体内部的甲醇转化反应可以采用以下一维方程进行描述：

$$\frac{\partial q_M}{\partial t} = D_M \frac{\partial^2 q_M}{\partial x^2} - k_M \cdot q_M \tag{5.3.1}$$

其边界条件为

$$\left. \frac{\partial q_M}{\partial x} \right|_{x=0} = 0 \tag{5.3.2}$$

$$D_M \left. \frac{\partial q_M}{\partial x} \right|_{x=l} = \alpha_M \cdot \left(f_M \cdot c_M - q_M|_{t=l} \right) \tag{5.3.3}$$

初始条件为

$$q_M|_{t=0} = 0 \tag{5.3.4}$$

为了简化模型参数，采用一个厚度为 $2l$ 的平板模型描述分子筛晶体的反应传质过程。在方程(5.3.1)～方程(5.3.4)中，q_M 为分子筛晶体中甲醇的浓度，$kmol/m^3$；t 为反应时间，s；x 为一维空间坐标，m；D_M 为甲醇的晶内扩散系数，m^2/s；k_M 为甲醇转化反应速率常数，1/s；α_M 为甲醇的表面渗透率，m/s；c_M 为甲醇的气相浓度，$kmol/m^3$；f_M

为甲醇的吸附系数，无量纲。当体系到达吸附平衡时，可以假设客体分子的吸附量与其气相浓度线性相关，对于甲醇则可以表示为 $q_M = f_M c_M$（此处，线性假设仅是一种数学上的近似处理，只在一定的甲醇浓度区间内近似成立，不表示真实的依赖关系）。

考虑到固定床反应器中气体的流动，气相中甲醇浓度的控制方程为

$$\frac{dC_M}{dt} = k_f \cdot c_M^{in} - k_f \cdot c_M - D_M \left. \frac{\partial q_M}{\partial x} \right|_{x=l} \cdot \frac{1}{h} \tag{5.3.5}$$

式中，参数 h 定义为

$$h = \frac{V_{zeo}\varepsilon}{S_{zeo}(1-\varepsilon)} \tag{5.3.6}$$

在方程(5.3.5)和方程(5.3.6)中，k_f 为进料体积通量(m^3/s)与分子筛晶体体积(m^3)的比值，s^{-1}；c_M^{in} 为反应器入口处的甲醇浓度，$kmol/m^3$；S_{zeo} 为分子筛晶体表面积，m^2；V_{zeo} 为分子筛晶体的体积，m^3；ε 为固定床空隙率(无量纲)。针对 MTO 反应相对稳定的阶段，并考虑到床层相对较浅，可以近似假设固定床反应器中气相组分处于稳态。对于气相的甲醇，有

$$\frac{dc_M}{dt} = 0 \tag{5.3.7}$$

SAPO-34 分子筛单晶体中的烯烃产物的生成可以采用以下一维方程进行描述：

$$\frac{\partial q_P}{\partial t} = D_P \frac{\partial^2 q_P}{\partial x^2} + k_1 \cdot q_M - k_2 \cdot q_P \tag{5.3.8}$$

边界条件为

$$\left. \frac{\partial q_P}{\partial x} \right|_{x=0} = 0 \tag{5.3.9}$$

$$D_P \left. \frac{\partial q_P}{\partial x} \right|_{x=l} = \alpha_P \cdot \left(f_P \cdot c_P - q_P|_{x=l} \right) \tag{5.3.10}$$

初始条件为

$$q_P|_{t=0} = 0 \tag{5.3.11}$$

在方程(5.3.8)～方程(5.3.11)中，q_P 为分子筛晶体中烯烃产物的浓度，$kmol/m^3$；D_P 为烯烃产物的晶内扩散系数，m^2/s；k_1、k_2 为烯烃产物的反应速率常数，s^{-1}；α_P 为烯烃产物的表面渗透率，m/s；c_P 为烯烃产物的气相浓度，$kmol/m^3$；f_P 为烯烃产物的吸附系数，无量纲。假设吸附质的吸附量与其气相浓度线性相关，对于烯烃产物则可以表示为 $q_P = f_P c_P$。此外，由于固定床反应器中存在流动现象，应进一步考虑气相与吸附相之间的平衡，可用方程描述为

$$\frac{dc_P}{dt} = -k_f \cdot c_P - D_P \frac{\partial q_P}{\partial x}\bigg|_{x=l} \cdot \frac{1}{h} \tag{5.3.12}$$

对于气相的烯烃产物，同样有

$$\frac{dc_P}{dt} = 0 \tag{5.3.13}$$

SAPO-34 分子筛单晶体中的积炭的生成可以采用以下方程进行描述：

$$\frac{\partial c_c}{\partial t} = k_c \cdot q_P \cdot \left(c_c^{max} - c_c\right) \cdot \frac{M_P}{\rho_{zeo}} = \tilde{k}_c \cdot q_P \cdot \left(c_c^{max} - c_c\right) \tag{5.3.14}$$

式中，c_c 为分子筛晶体中的积炭含量，表示积炭与分子筛的质量比，无量纲；k_c 为积炭生成的反应速率常数，s^{-1}；c_c^{max} 为分子筛晶体中的积炭最高含量，无量纲；M_P 为烯烃产物的摩尔质量，kg/kmol；ρ_{zeo} 为分子筛的密度，kg/m^3；$\tilde{k}_c = k_c \cdot \dfrac{M_P}{\rho_{zeo}}$。需要注意的是，式(5.3.14)与式(5.3.8)在一定程度上是独立的。

由方程(5.3.1)～方程(5.3.7)，可得到甲醇在分子筛单晶体中的浓度随时间和空间位置的变化关系

$$q_M(t,x) = A \cdot \cosh\left(\sqrt{k_M'} \cdot \frac{x}{l}\right) + \sum_{n=1}^{\infty} C_n \cdot \exp\left[-\left(K_n^2 + k_M'\right) \cdot \frac{D_M}{l^2} \cdot t\right] \cdot \cos\left(K_n \cdot \frac{x}{l}\right) \tag{5.3.15}$$

气相中甲醇的浓度可以表示为

$$c_M(t) = \frac{1}{1 + F_M \cdot f_M} \cdot c_M^{in} + \frac{F_M}{1 + F_M \cdot f_M} \cdot q_M(t,l) \tag{5.3.16}$$

在方程(5.3.15)中，参数 A 定义为

$$A = \frac{H_M \cdot f_M \cdot c_M^{in}}{\sqrt{k_M'} \cdot \sinh\sqrt{k'} + H_M \cdot \cosh\sqrt{k_M'}} \tag{5.3.17}$$

$$C_n = \frac{-4K_n}{2K_n + \sin(2K_n)} \cdot \frac{f \cdot c_m^{in} \cdot K_n \cdot \sin K_n}{K_n^2 + k_M'} \tag{}$$

其中无量纲数定义如下：

$$k_M' = \frac{k_M \cdot l^2}{D_M} \tag{5.3.18}$$

$$L_M = \frac{\alpha_M \cdot l}{D_M} \tag{5.3.19}$$

$$F_M = \frac{\alpha_M}{k_f \cdot h} \tag{5.3.20}$$

$$H_{\mathrm{M}} = \frac{L_{\mathrm{M}}}{1 + F_{\mathrm{M}} \cdot f_{\mathrm{M}}} \tag{5.3.21}$$

式中，参数 K_n（$K_n > 0$, $n=1,2,3,\cdots$）是一个超越方程的根，如式（5.3.22）所示：

$$\cot(K) = \frac{1}{H_{\mathrm{M}}} \cdot K \tag{5.3.22}$$

由方程（5.3.15）可知，甲醇的瞬态吸附曲线与表面渗透率和晶内扩散系数有关。在稳态下，吸附曲线的轮廓由方程右侧第一项决定，表明其形状取决于无因次数 k_{M}'，即晶内扩散系数，而吸附曲线的幅值则同时受到表面渗透率和晶内扩散系数的影响。这一理论为理解表面渗透率和晶内扩散系数的影响提供了一种直接的方法。

由方程（5.3.8）～方程（5.3.13）可得，烯烃产物在分子筛单晶体中的浓度随时间和空间位置的变化关系

$$
\begin{aligned}
q_{\mathrm{P}}(t,x) = &\sum_{I=1}^{\infty} d_I \cdot \left\{ 1 - \exp\left[-\left(K_{\mathrm{P}I}^2 + k_2' \right) \cdot \frac{D_{\mathrm{P}}}{l^2} \cdot t \right] \right\} \cdot \cos\left(K_{\mathrm{P}I} \cdot \frac{x}{l} \right) \\
&+ \sum_{I=1}^{\infty} \cdot \left\{ \sum_{n=1}^{\infty} b_{I,n} \cdot \exp\left[-\left(K_n^2 + k_{\mathrm{M}}' \right) \cdot \frac{D_{\mathrm{M}}}{l^2} \cdot t \right] - \exp\left[-\left(K_{\mathrm{P}I}^2 + k_2' \right) \cdot \frac{D_{\mathrm{P}}}{l^2} \cdot t \right] \right\} \cdot \cos\left(K_{\mathrm{P}I} \cdot \frac{x}{l} \right)
\end{aligned}
\tag{5.3.23}
$$

气相中烯烃产物的浓度可以表示为

$$c_{\mathrm{P}}(t) = \frac{F_{\mathrm{P}}}{1 + F_{\mathrm{P}} \cdot f_{\mathrm{P}}} \cdot q_{\mathrm{P}}(t,l) \tag{5.3.24}$$

在方程（5.3.23）中，参数 d_I 和 $b_{I,n}$ 分别定义为

$$d_I = \left(k_1' \cdot f_{\mathrm{M}} \cdot c_{\mathrm{M}}^{\mathrm{in}} \cdot \frac{\dfrac{\sqrt{k_{\mathrm{M}}'}}{H_{\mathrm{P}}} \cdot \sinh\sqrt{k_{\mathrm{M}}'} + \cosh\sqrt{k_{\mathrm{M}}'}}{\dfrac{\sqrt{k_{\mathrm{M}}'}}{H_{\mathrm{M}}} \cdot \sinh\sqrt{k_{\mathrm{M}}'} + \cosh\sqrt{k_{\mathrm{M}}'}} \right) \cdot \left[\frac{4 K_{\mathrm{P}I}}{2 K_{\mathrm{P}I} + \sin(2 K_{\mathrm{P}I})} \cdot \frac{K_{\mathrm{P}I} \cdot \sin K_{\mathrm{P}I}}{\left(K_{\mathrm{P}I}^2 + k_{\mathrm{M}}' \right) \cdot \left(K_{\mathrm{P}I}^2 + k_2' \right)} \right] \tag{5.3.25}$$

$$b_{I,n} = -\frac{4 f_{\mathrm{M}} \cdot c_{\mathrm{M}}^{\mathrm{in}} \cdot \sin K_n}{2 K_n + \sin(2 K_n)} \cdot \frac{K_n^2}{K_n^2 + k_{\mathrm{M}}'} \cdot \frac{1}{K_{\mathrm{P}I}^2 + k_2' - \left(K_n^2 + k_{\mathrm{M}}' \right) \dfrac{D_{\mathrm{M}}}{D_{\mathrm{P}}}} \cdot \left[\frac{\sin(K_n + K_{\mathrm{P}I})}{2(K_n + K_{\mathrm{P}I})} + \frac{\sin(K_n - K_{\mathrm{P}I})}{2(K_n - K_{\mathrm{P}I})} \right] \tag{5.3.26}$$

无量纲数定义如下：

$$k_1' = \frac{k_1 \cdot l^2}{D_{\mathrm{P}}} \tag{5.3.27}$$

$$k_2' = \frac{k_2 \cdot l^2}{D_{\mathrm{P}}} \tag{5.3.28}$$

$$L_{\mathrm{P}} = \frac{\alpha_{\mathrm{P}} \cdot l}{D_{\mathrm{P}}} \tag{5.3.29}$$

$$F_{\mathrm{P}} = \frac{\alpha_{\mathrm{P}}}{k_{\mathrm{f}} \cdot h} \tag{5.3.30}$$

$$H_{\mathrm{P}} = \frac{L_{\mathrm{P}}}{1 + F_{\mathrm{P}} \cdot f_{\mathrm{P}}} \tag{5.3.31}$$

式中，参数 $K_{\mathrm{P}I}$（$K_{\mathrm{P}I} > 0$，$I = 1,2,3,\cdots$）是一个超越方程的根，如式（5.3.32）所示：

$$\cot(K) = \frac{1}{H_{\mathrm{P}}} \cdot K \tag{5.3.32}$$

由方程（5.3.14）可得，积炭在分子筛单晶体中的浓度随时间和空间位置的变化关系式：

$$c_{\mathrm{c}}(t,x) = c_{\mathrm{c}}^{\max} \cdot \left[1 - \exp\left(-\tilde{k}_{\mathrm{c}} \cdot \int_0^t q_{\mathrm{P}}(t,x)\,\mathrm{d}t \right) \right] \tag{5.3.33}$$

式中，$\displaystyle\int_0^t q_{\mathrm{P}}(t,x)\,\mathrm{d}t$ 表示为

$$
\begin{aligned}
\int_0^t q_{\mathrm{P}}(t,x)\,\mathrm{d}t =\ & \sum_{I=1}^{\infty} d_I \cdot \left(t + \frac{1}{\left(K_{\mathrm{P}I}^2 + k_2'\right)\cdot\frac{D_{\mathrm{P}}}{l^2}} \cdot \left\{ \exp\left[-\left(K_{\mathrm{P}I}^2 + k_2'\right)\cdot\frac{D_{\mathrm{P}}}{l^2}\cdot t \right] - 1 \right\} \cdot \cos\left(K_{\mathrm{P}I} \cdot \frac{x}{l} \right) \right) \\
& + \sum_{I=1}^{\infty} \cdot \left(\sum_{n=1}^{\infty} b_{I,n} \cdot \left\{ \frac{\exp\left[-\left(K_n^2 + k_{\mathrm{M}}'\right)\cdot\frac{D_{\mathrm{M}}}{l^2}\cdot t \right] - 1}{-\left(K_n^2 + k_{\mathrm{M}}'\right)\cdot\frac{D_{\mathrm{M}}}{l^2}} - \frac{\exp\left[-\left(K_{\mathrm{P}I}^2 + k_2'\right)\cdot\frac{D_{\mathrm{P}}}{l^2}\cdot t \right] - 1}{-\left(K_{\mathrm{P}I}^2 + k_2'\right)\cdot\frac{D_{\mathrm{P}}}{l^2}} \right\} \right) \\
& \cdot \cos\left(K_{\mathrm{P}I} \cdot \frac{x}{l} \right)
\end{aligned}
\tag{5.3.34}
$$

基于上述的解析表达式，代入相关的表面渗透率、晶内扩散系数和反应动力学参数，即可得到分子筛晶体与气相中反应物甲醇、产物烯烃和积炭生成随时间演化过程。SAPO-34 分子筛前驱体命名为 SAPO-34-B，经过表面酸刻蚀用于减小表面阻力的样品命名为 SAPO-34-H，经过多次循环的化学沉积用于增加表面阻力的样品命名为 SAPO-34-L。

为了获得用于模拟的扩散参数并同时验证表面阻力的变化，测定了甲醇、二甲醚、丙烷和丙烯的初始吸附速率曲线，用于量化客体分子的表面渗透率，如图 5.3.1 所示，其中甲醇与丙烷的吸附速率曲线在 5.2.2 小节中给出。将各客体分子的表面渗透率进行归一化处理，并设置 SAPO-34-B 中各客体分子的表面渗透率为 1，结果如图 5.3.2 所示。归一化表面渗透率的变化幅值大小为甲醇 < 二甲醚 < 丙烷 < 丙烯，这与它们的动力

学直径大小的次序一致，表明表面修饰可能对于动力学直径较大的客体分子影响更大。

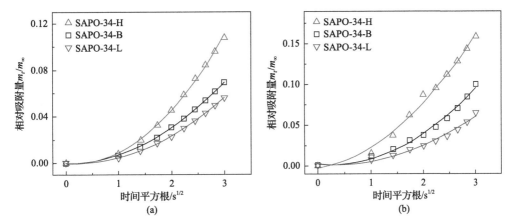

图 5.3.1　在温度为 20℃、压力为 0～5mbar 条件下二甲醚(a)与丙烯(b)在 SAPO-34-H、
SAPO-34-B 和 SAPO-34-L 样品中的初始速率吸附图

散点为实验结果；实线为拟合结果；相关系数 R^2 均大于 0.999

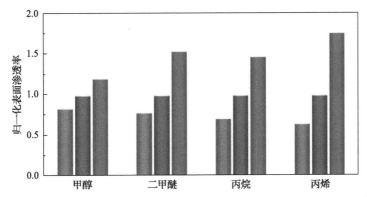

图 5.3.2　甲醇、二甲醚、丙烷和丙烯在 SAPO-34-H、SAPO-34-B 和 SAPO-34-L (从左到右)
样品中的归一化表面渗透率

对于每一个客体分子，样品从左至右分别为 SAPO-34-L、SAPO-34-B、SAPO-34-H

通过解析模型模拟研究了 450℃、甲醇质量空速为 5h^{-1} 条件下的 MTO 反应过程中，不同表面阻力情况下反应物与生成物在气相主体与分子筛晶体内部的动态变化。图 5.3.3(a) 中给出了 SAPO-34-B、SAPO-34-H 和 SAPO-34-L 样品中分子筛晶体内部的甲醇平均晶内浓度模拟结果，表明降低表面阻力能够使得晶体内部甲醇平均晶内浓度略有增加，这是由甲醇的表面渗透率增加引起的，但样品间的差异并不明显，这可能与甲醇的高活性所导致的高转化率有关，因此从模拟结果推测表面阻力对于甲醇的限制在 MTO 反应过程中的影响并不显著。

图 5.3.3(b) 和图 5.3.3(c) 中给出了烯烃的平均晶内浓度和气相浓度的模拟结果，可以看出表面阻力对产物烯烃的行为影响很大。与原始的 SAPO-34-B 相比，SAPO-34-L 样品的晶体内部烯烃浓度较高，而气相烯烃浓度较低，在 SAPO-34-H 样品中规律相反。由于

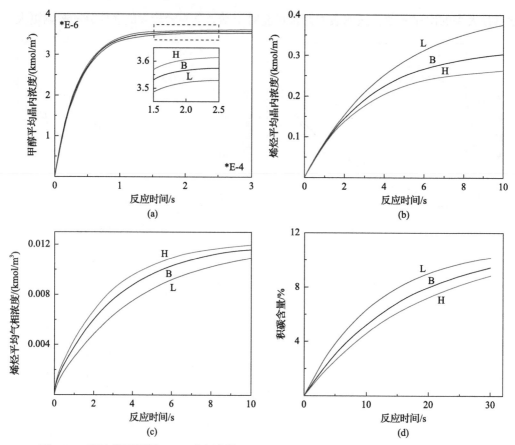

图 5.3.3　理论模型预测 MTO 反应过程 SAPO-34-H、SAPO-34-B 和 SAPO-34-L 催化剂
中甲醇、烯烃的平均晶内浓度，烯烃的平均气相浓度和积炭含量
H：SAPO-34-H；B：SAPO-34-B；L：SAPO-34-L

表面阻力不仅限制反应物表面渗透至分子筛晶体内部，同时也会阻挡晶体内部的生成物扩散至分子筛晶体外部，具有一定的对称性[9]。因此，初步推断是表面阻力限制了烯烃产物及时扩散至分子筛晶体外，体现出较高的晶内浓度和较低的气相浓度。

图 5.3.3（d）中给出了分子筛晶体内部积炭含量模拟结果，可以看出随着表面阻力的增加，积炭速率明显加快，因而推测是表面阻力限制了烯烃的扩散，使其在晶体内部发生进一步环化缩聚，形成芳烃化合物。

以上为采用反应扩散解析模型预测的表面阻力对于 MTO 反应影响的基本规律。模型进行了适当的简化，仍然缺少部分细节，因此还需要开展相关的表征实验用于补充和优化模型。

5.3.2　表面传质阻力对甲醇制烯烃过程影响的实验研究

采用原位漫反射红外光谱研究了反应温度为 450℃、甲醇质量空速为 5h^{-1} 时，SAPO-34-B、SAPO-34-H 和 SAPO-34-L 分子筛催化剂中甲醇转化过程的表面官能团演化过程，如图 5.3.4 所示。在甲醇转化初始阶段，可以观察到波数为 2977cm^{-1} 处出现吸收峰，该峰归属为甲氧基物种中甲基上的 C-H 键的伸缩振动吸收峰,表明甲醇与分子筛中的 Brønsted 酸性位点相互作用形成了甲氧基物种[10]。为了比较具有不同表面阻力的样品中甲氧基物种的生成速率的区别,记录了该吸收强度随时间变化的强度,如图 5.3.5(a) 所示。与其他样品相比,SAPO-34-H 催化剂样品中的甲氧基生成速率最慢。实际上,该吸

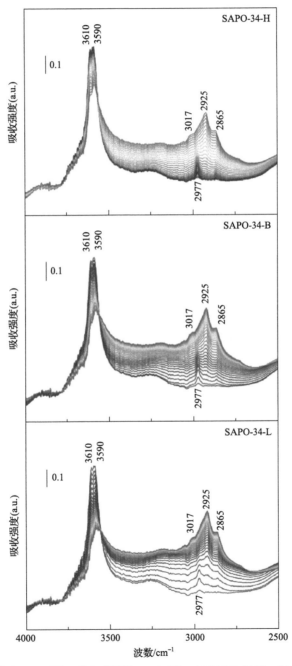

图 5.3.4　温度为 450℃下、反应时间至 30min 时,在 SAPO-34-H、SAPO-34-B 和
SAPO-34-L 分子筛催化剂中 MTO 反应的原位漫反射红外光谱

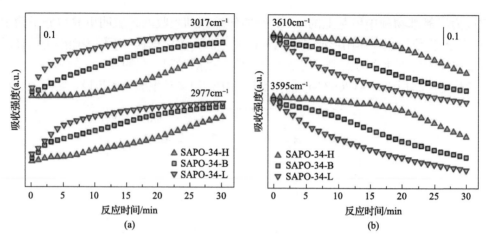

图 5.3.5 温度为 450℃下，在 SAPO-34-H、SAPO-34-B 和 SAPO-34-L 分子筛催化剂中 MTO 反应的
原位漫反射红外光谱中吸收峰的波数为 3017cm^{-1} 和 2977cm^{-1}(a) 和波数为
3610cm^{-1} 和 3595cm^{-1}(b) 所对应的随反应时间演化的吸收强度

收峰的吸收强度表示的是甲氧基的累积量。在 MTO 反应初始阶段，甲醇在 Brønsted 酸性位点会转化为甲氧基，甲氧基也会被消耗进而产生二甲醚。甲氧基吸收峰的大小由甲醇转化生成量与生成二甲醚所消耗的量共同决定。

作者在原位条件下采用质谱法检测了二甲醚的离子信号，如图 5.3.6 所示。二甲醚的离子信号强度大小排序为 SAPO-34-L < SAPO-34-B < SAPO-34-H，说明在表面阻力限制较弱的 SAPO-34-H 分子筛中，二甲醚能够迅速从分子筛内部扩散出去。由不同样品中各客体分子表面渗透率可知，体系中二甲醚的表面渗透率的变化的幅值明显大于甲醇，作者推测甲氧基的积累速率受二甲醚生成速率的影响更大。因此，尽管 SAPO-34-H 中甲醇表面渗透率较高，该催化剂样品中的甲氧基生成速率却较慢，因而具有较长的 MTO 诱导期。

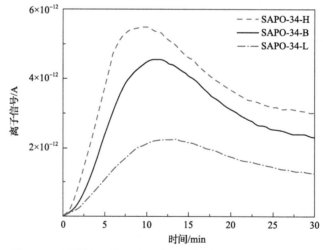

图 5.3.6 原位漫反射红外光谱装置出口的二甲醚的离子信号

随着 MTO 反应的进行，甲氧基表面物种逐渐被消耗，此时在波数为 $3017cm^{-1}$ 处出现了一个新的吸收峰，该峰归属为烯烃和二烯烃结构中的甲基 C—H 的伸缩振动吸收峰，该烯烃峰的出现是由于 SAPO-34 分子筛晶内烯烃解吸速率变慢[11]。图 5.3.5(a) 中记录了烯烃峰随反应时间变化的强度，可以看出，SAPO-34-L 样品中具有最为显著的烯烃峰，表明烯烃物种受到表面阻力的限制作用使其在分子筛笼内滞留，不能及时扩散至分子筛晶体外，这与反应扩散模拟的结果相对应。此外，原位漫反射红外光谱中还出现了波数为 $2925cm^{-1}$ 和 $2865cm^{-1}$ 的两个吸收峰，归属为芳烃化合物中甲基 C—H 的伸缩振动，表明分子筛中形成了芳烃物种。该吸收峰可能来自于具有催化活性的多甲基苯物种或者多环芳烃，然而所对应的强度不能反映具体表面物种及其数量的积累情况。

在原位漫反射红外光谱中，波数为 $3610cm^{-1}$ 和 $3590cm^{-1}$ 处的吸收峰分别归因于 Brønsted 酸性位点的 O—H 键高频和低频的伸缩振动[12,13]。随着 MTO 反应的进行，羟基峰的吸收强度逐渐开始下降，表明 Brønsted 酸性位点与体系中的客体分子发生相互作用，使得酸性位点逐渐减少。如图 5.3.5(b) 所示，样品间羟基峰强度下降速率差异明显，按大小排序为 SAPO-34-H < SAPO-34-B < SAPO-34-L，表明表面阻力的存在会加速酸性位点的消耗，可以推测是由于分子筛晶体内的产物分子难以扩散出去，进而吸附并掩盖酸性位点，这与上述的结果相吻合。

为了进一步探究酸性位点的利用率，采用漫反射红外光谱测定了固定床反应器中不同反应时间的 SAPO-34 分子筛催化剂样品。由于测试条件的差别，羟基峰的波数红移至 $3616cm^{-1}$ 和 $3594cm^{-1}$。通过测定反应时间 TOS 为 20min 的样品，由图 5.3.7(a) 可以看出，SAPO-34-L 中的羟基峰吸收强度最小，其次是 SAPO-34-B 和 SAPO-34-H，这与原位漫反射红外光谱结果一致。通过测定 MTO 反应失活的分子筛样品，可以看出羟基峰处仍

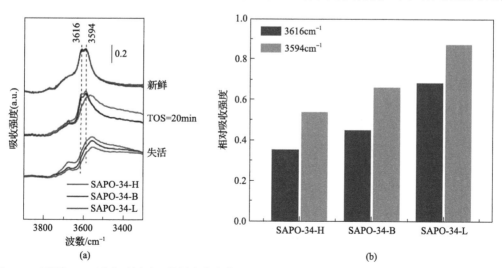

图 5.3.7 不同 MTO 反应时间时，从固定床取出 SAPO-34-H、SAPO-34-B 和 SAPO-34-L 分子筛催化剂的漫反射红外光谱(a)与反应失活时吸收峰的波数为 $3616cm^{-1}$ 和 $3594cm^{-1}$ 的相对吸收强度(b)

有吸收，表明失活后的催化剂样品中仍然有大部分的酸性位点没有得到充分利用。将未反应的 SAPO-34 分子筛样品羟基峰吸收强度设置为 1，比较了 SAPO-34-B、SAPO-34-H 和 SAPO-34-L 分子筛催化剂中酸性位点的利用率，如图 5.3.7(b) 所示。可以得出酸利用率大小排序为 SAPO-34-L < SAPO-34-B < SAPO-34-H，表明表面阻力的存在会限制可接触酸性位点数量。

采用原位紫外可见光谱研究反应温度为 450℃、甲醇质量空速为 5h^{-1} 时，SAPO-34-B、SAPO-34-H 和 SAPO-34-L 分子筛催化剂中甲醇转化过程的积炭演化过程，如图 5.3.8 所示。在原位紫外可见光谱中，具有波长为 400nm 和 600nm 的吸收峰，分别归属于多甲基苯碳正离子与多环芳烃碳正离子[14, 15]。由于 MTO 具有自催化的性质，多甲基苯碳正离子作为反应中间体能够促进烯烃的生成。而多环芳烃物种的活性较低且体积较大，容易覆盖酸催化活性中心，堵塞 SAPO-34 分子筛的孔道，导致催化剂失活。

随着 MTO 反应的进行，波长为 400nm 的吸收峰会逐渐红移至 412nm，归因于多甲基苯甲基化或形成甲基萘物种；而波长为 600nm 的吸收峰会逐渐红移至 630nm，归因于菲物种甲基化或形成芘物种。SAPO-34-B、SAPO-34-H 和 SAPO-34-L 催化剂样品中，原位紫外可见光谱的吸光度与红移的变化快慢有着明显的差异，说明表面阻力对于积炭生成与转化有显著影响。

图 5.3.9 中给出了不同样品中波长为 400nm 和 600nm 的吸光度随时间演化过程，可以看出，与 SAPO-34-B 相比，SAPO-34-L 在波长为 400nm 和 600nm 处具有更强的吸收，表明该样品中的多甲基苯碳正离子与多环芳烃物种的生成速率更快，而在 SAPO-34-H 中，波长为 400nm 处的吸收峰吸收强度增加缓慢，在波长 600nm 处没有明显的吸收，表明该样品多环芳烃物种产生较慢，具有一定的抗失活能力。

样品之间的波长红移速率具有明显的差别。与 SAPO-34-B、SAPO-34-H 相比，SAPO-34-L 中波长为 400nm 和 600nm 处的吸收峰更易发生波长红移行为，说明该样品中的多甲基苯碳正离子更容易被甲基化，且笼内的芳烃更易缩聚形成多环芳烃。以上结果表明，表面阻力的存在不仅会促进多甲基苯碳正离子生成，还会加速其进一步甲基化和缩聚环化，导致多环芳烃物种迅速累积。

为了进一步探究失活时的积炭行为，采用紫外可见光谱、热重分析和色质联用技术测定了固定床反应器中不同反应时间的 SAPO-34 分子筛催化剂样品中的积炭。在紫外可见光谱中，紫外区波长 270nm 与 350nm 处的吸收峰分别归属于自然状态下的多甲基苯与多环芳烃物种[16]，可见光区的吸收峰归属与原位情况一致。

通过测定反应时间为 20min 的样品，由图 5.3.10 可以看出 SAPO-34-L 中的多甲基苯与多环芳烃的吸收峰最为明显，其次是 SAPO-34-B 和 SAPO-34-H，这与原位漫反射紫外可见吸收光谱的结果一致。通过测定反应失活的样品，可以看出三个样品中，多甲基苯吸收峰大小几乎一致，而多环芳烃吸收峰大小排序为 SAPO-34-L < SAPO-34-B < SAPO-34-H，表明随着表面阻力的增加，失活时形成的稠环芳烃的减少。

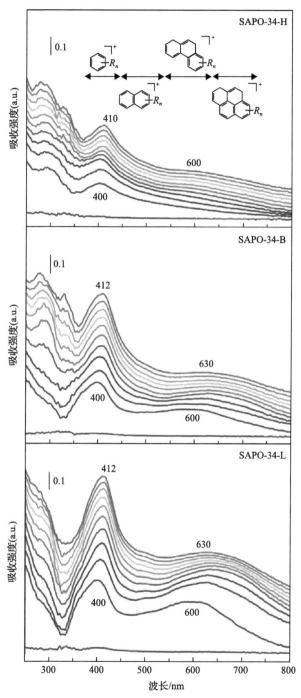

图 5.3.8 温度为 450℃下、反应时间至 30min 时，在 SAPO-34-H、SAPO-34-B 和 SAPO-34-L
分子筛催化剂中 MTO 反应的原位紫外可见光谱

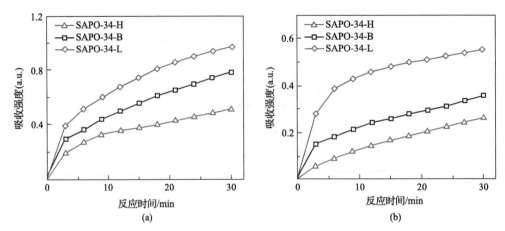

图 5.3.9　温度为 450℃下，SAPO-34-H、SAPO-34-B 和 SAPO-34-L 分子筛催化剂中 MTO 反应的原位漫反射紫外可见光谱中吸收峰的波长为 400nm（a）和 600nm（b）所对应的随时间演化的吸收强度

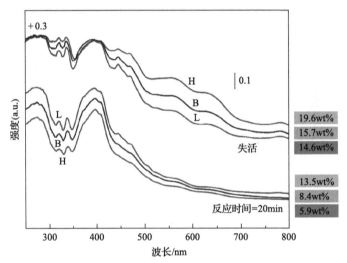

图 5.3.10　不同 MTO 反应时间时，从固定床取出 SAPO-34-H、SAPO-34-B 和 SAPO-34-L 分子筛催化剂的非原位漫反射紫外可见光谱与对应的积炭量

H：SAPO-34-H；B：SAPO-34-B；L：SAPO-34-L

　　图中 5.3.11 给出了 MTO 反应 20min 和失活时 SAPO-34-B、SAPO-34-H 和 SAPO-34-L 分子筛催化剂样品的热重分析曲线，经过量化计算后可以得出积炭量。可以看出，随着反应的进行，积炭量逐渐增加。在反应时间为 20min 的样品中，积炭量大小排序为 SAPO-34-H < SAPO-34-B < SAPO-34-L，分别对应积炭量为 5.9wt%、8.4wt% 和 13.5wt%，表明随着表面阻力的增加，分子筛催化剂中的积炭速率增加；在反应失活样品中，积炭量大小排序为 SAPO-34-L < SAPO-34-B < SAPO-34-H，分别对应积炭量为 14.6wt%、15.7wt% 和 19.6wt%，表明随着表面阻力的增加，分子筛催化剂中的积炭量明显降低。

　　图 5.3.12 中给出了 MTO 反应失活时 SAPO-34-B、SAPO-34-H 和 SAPO-34-L 分子筛催化剂样品中积炭物种的气相色谱-质谱联用（GC-MS）结果。MTO 反应过程的积炭物种由多甲基苯、多甲基萘、菲和芘等芳香化合物组成。反应失活时，三个样品中的多甲基

苯和多甲基萘的含量几乎一致,而多环芳烃的含量大小排序为 SAPO-34-L < SAPO-34-B < SAPO-34-H,表明减小分子筛的表面阻力可以使得失活时产生出更多的稠环芳烃物种,该结果与紫外可见光谱相对应,进一步推断积炭量的增加主要是由于分子筛内部能够容纳更多的稠环芳烃。

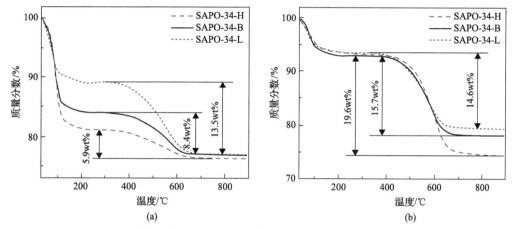

图 5.3.11 MTO 反应时间为 20min(a)与失活(b)时,从固定床中取出 SAPO-34-H、
SAPO-34-B 和 SAPO-34-L 分子筛催化剂的热重分析

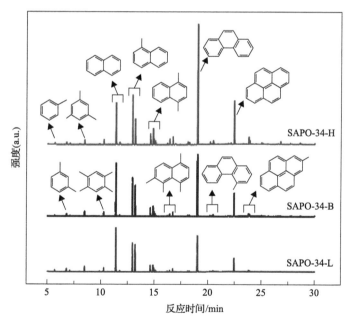

图 5.3.12 MTO 反应时间失活时,从固定床中取出 SAPO-34-H、SAPO-34-B 和
SAPO-34-L 分子筛催化剂样品中积炭物种的气相色谱-质谱联用分析

积炭在分子筛晶体中的空间分布对于可接触的 Brønsted 酸性位点具有重要影响[17]。多环芳烃在SAPO-34晶体外边缘产生并大量累积使得分子筛内部的Brønsted酸性位点不能被利用,从而导致催化剂失活。在本章中,采用结构光照明显微成像技术测定 MTO

反应失活时 SAPO-34 分子筛催化剂中的积炭空间分布。基于结构光照明显微成像技术和重建算法，可以获得超分辨成像，可用于识别小分子筛晶体中的积炭空间分布。

　　SIM 中有 4 个激发波长对应的通道，包括波长为 405nm、488nm、561nm 和 640nm，对应检测波长为 435～485nm、500～545nm、570～640nm 和 663～738nm。选取波长为 488nm、640nm 作为激发波长，但未选取 405nm、561nm 处的波长进行激发。一方面，虽然 MTO 失活样品在激发波长为 405nm 的波长下有明显吸收，但其产生的荧光信号较弱，可能是由于多甲基苯碳正离子的共轭效应较弱导致其荧光产率低；另一方面，当选择激发波长为 561nm 时，可能会同时激发多甲基苯碳正离子和多环芳烃物种，并不能将两者进行有效区分。因此，在荧光成像实验中，采用激发波长为 488nm 和 640nm 的通道，分别用于获得多甲基苯碳正离子和多环芳烃物种在 SAPO-34 分子筛晶体中的空间分布。

　　由 5.1 节的研究得知，分子筛的表面传质阻力存在个体差异性，即使是同一批分子筛，单晶体之间的表面传质阻力也有区别，这可能会对 MTO 反应的积炭在分子筛晶体中的空间分布造成影响，尤其是决定失活的多环芳烃物种。图 5.3.13 中给出了在 MTO 反应失活时两个相似的 SAPO-34-B 分子筛晶体的积炭空间分布情况。可以看出，当激发波长为 488nm 时，对应的荧光信号都均匀分布在单晶体中，表明具有催化活性的多甲基苯物种充满了整个分子筛晶体；而当激发波长为 640nm 时，对应的荧光信号在两个晶体间却有着明显的区别。对于左边的晶体，多环芳烃物种在晶体中分布均匀，表明晶体内部得到更加充分的利用；对于右边的晶体，多环芳烃物种主要分布在晶体外缘。

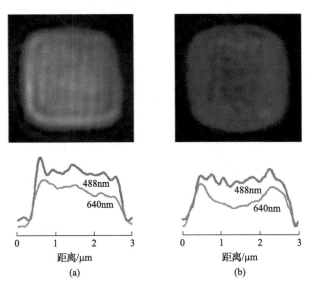

图 5.3.13　MTO 反应失活时 SAPO-34-B 单晶体中的均匀型(a)和非均匀型(b)的结构光照明显微成像图和对应的荧光强度分布

激发波长为 488nm，检测波长为 500～545nm；激发波长为 640nm，检测波长为 663～738nm

　　为了探究具有不同表面传质阻力样品积炭空间分布的区别，根据多环芳烃的空间位置，将分子筛分为均匀型和非均匀型，分布对应于图 5.3.13(a)和(b)单晶，并通过测定多个 MTO 失活时的晶体使其具有统计学意义，如图 5.3.14 所示。相比于 SAPO-34-B

样品，在 SAPO-34-H 样品中具有更多的均匀型晶体，而大部分 SAPO-34-L 样品的晶体为非均匀型，表明减小表面传质阻力能够使得分子筛内部容纳更多的稠环芳烃物种，推测这是表面传质阻力限制较弱，使得反应物与生成物能够在分子筛内部进行充分的转化与生成，内部的催化活性位点能够被充分利用，因而芳烃化合物能够充分缩聚形成多环芳烃物种。虽然结构光照明显微成像展示的是单晶体水平的信息，但是这与紫外可见光谱、热重分析、溶碳分析结果相一致。

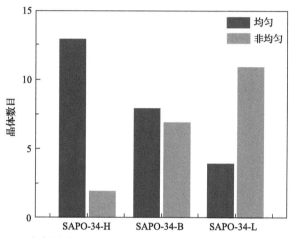

图 5.3.14 MTO 反应失活时 SAPO-34-H、SAPO-34-B 和 SAPO-34-L 分子筛单晶体的
积炭空间分布统计图

为了探究表面阻力对 MTO 催化反应性能的影响，作者对 SAPO-34-B、SAPO-34-H 和 SAPO-34-L 分子筛催化剂进行甲醇制烯烃反应评价。图 5.3.15 中给出了反应温度为 450℃、甲醇质量空速为 5h^{-1}，具有不同表面传质阻力的分子筛催化剂的甲醇转化率和烷烃、烯烃选择性。从甲醇转化率可以看出，SAPO-34 分子筛催化的 MTO 反应具有快速失活的特点，分子筛催化寿命长短排序为 SAPO-34-L < SAPO-34-B < SAPO-34-H。除了甲醇和丙烷，还测定了二甲醚和丙烯的表面渗透率，图 5.3.15(b) 也表明分子筛催化寿命与客体分子的表面渗透率(作了归一化处理)之间线性相关，与 5.2.2 小节的结论一致。

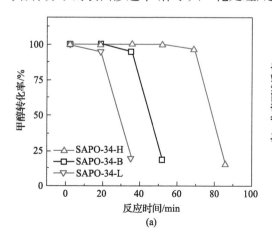

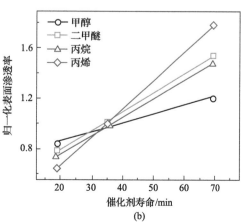

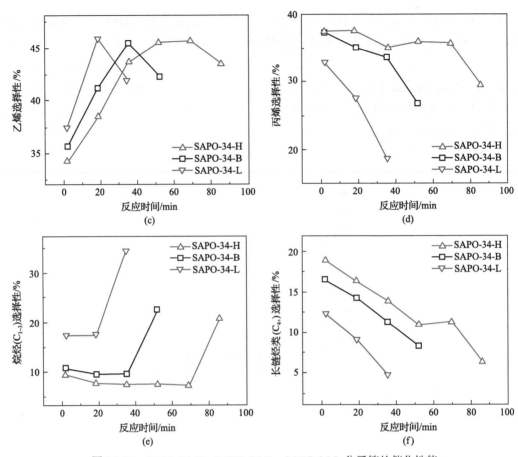

图 5.3.15 SAPO-34-H、SAPO-34-B、SAPO-34-L 分子筛的催化性能

在温度为 450℃、甲醇质量空速为 5.0h⁻¹ 条件下采用 SAPO-34-H、SAPO-34-B 和 SAPO-34-L 分子筛催化剂进行 MTO 反应评价的甲醇转化率(a)、乙烯选择性(c)、丙烯选择性(d)、烷烃选择性(e)和长链烃类选择性(f);(b)甲醇、二甲醚、丙烷和丙烯的归一化表面渗透率与 SAPO-34 分子筛催化寿命的关系

散点表示实验结果,实线表示线性拟合结果

在 SAPO-34 分子筛催化的 MTO 反应中,主要产物为乙烯、丙烯,其次是长链烃类和轻质烷烃。在 MTO 反应初始阶段,随着反应进行,乙烯选择性升高,而丙烯的选择性逐渐降低。MTO 反应具有自催化的性质,在反应过程中产生的多甲基苯物种会使得MTO 反应由烯烃循环向芳烃循环转化,从而使得乙烯选择性升高,丙烯选择性降低。对于乙烯选择性,三个样品中的乙烯最大选择性几乎相同,但上升的速率有明显区别,快慢排序为 SAPO-34-H < SAPO-34-B < SAPO-34-L,表明随着表面传质阻力增加,乙烯选择性上升加快,这是由于多甲基苯物种的快速生成。对于丙烯选择性,SAPO-34-H 样品中的最大选择性与 SAPO-34-B 中类似,但是具有较高的稳定性,这是由于该样品具有更长的催化寿命。但 SAPO-34-L 中的丙烯最大选择性降低,明显低于其他两组分子筛的丙烯最大选择性。样品间的乙烯、丙烯最大选择性相似,表明表面传质阻力的变化并不会改变 MTO 过程中的内在反应机理。不仅如此,SAPO-34-H 样品中还表现出较高的长链烃类选择性和较低的轻质烷烃选择性,这是由于样品中表面阻力限制较小,长链烃

类能够及时扩散至分子筛晶体外，从而避免其进一步发生氢转移或者环化反应从而转化为烷烃和芳烃化合物。

MTO 反应机理研究表明，甲醇转化为低碳烯烃是一个非常复杂的过程，包括反应诱导期、高效转化期和积炭失活阶段，在整个 MTO 反应中，表面阻力不仅影响着反应物与产物在分子筛中的扩散，还决定着催化剂寿命与产品选择性。

在 MTO 反应初始阶段，表面传质阻力在限制反应物甲醇扩散的同时，也明显抑制了二甲醚向分子筛晶体外部扩散，从而导致甲氧基物种(红外波数为 2977cm^{-1} 处的吸收峰)快速积累，使得反应诱导期缩短。随着 MTO 反应的进行，表面传质阻力能够限制烯烃和长链烃类的扩散，能够使其进一步转化为多甲基苯(紫外可见波长为 400nm 处的吸收峰)，从而能够在分子筛内部迅速积累烃池物种，从而促进芳烃循环使得乙烯的选择性能够迅速升高。然而，烯烃类物种(红外波数为 3017cm^{-1} 处的吸收峰)在分子筛内部的滞留会直接导致丙烯选择性的下降，同时会进一步发生氢转移反应生成烷烃，或进一步环化缩聚形成多环芳烃物种(紫外可见波长为 600nm 处的吸收峰)，使得分子筛孔道堵塞，导致催化剂快速失活。虽然表面传质阻力引起的传质限制也会影响烷烃，但烷烃的惰性，使其不会进一步转化，会扩散至分子筛晶体外，导致烷烃选择性有所提高。同时，表面传质阻力会限制分子筛晶体内部的客体分子扩散至晶体外，其会进一步与酸性位点结合，使得 Brønsted 酸性位点(红外波数为 3610cm^{-1} 和 3590cm^{-1} 处的吸收峰)消耗速率增加。

另外，表面传质阻力会明显影响分子筛催化剂的利用率。表面传质阻力的存在会加速稠环芳烃在 SAPO-34 分子筛晶体的外缘形成，从而限制了反应物与生成物向晶体中心扩散，因而晶体内部具有较少的多环芳烃物种且存在大量未利用的 Brønsted 酸性位点，表现出较低的积炭量和 Brønsted 酸利用率。表面阻力对 MTO 的反应影响并不是由某种客体分子或是某一反应过程所主导，而是贯穿于整个 MTO 催化过程，具体取决于不同阶段中的产物扩散性质和活性，这直接决定着反应进程、催化性能和催化剂利用效率。

5.4　小　　结

对于分子筛催化体系，催化效果需要通过传质加以表达，传质与反应的匹配是实现高效催化的有效手段。在本章中，详细考察了传质对催化反应的影响：首先，结合结构光照明显微成像技术原位监测了 ZSM-5 分子筛单晶体中的客体扩散过程，发现了分子筛晶体表面传质的个体差异性，以及晶体表面不同区域的表面传质性能的不均匀性；其次，通过表面改性，改变了 ZSM-5 分子筛和 SAPO-34 分子筛的表面传质阻力，并研究了它们对非均相催化过程的影响；最后，结合理论模型和实验，进一步探索了 SAPO-34 分子筛表面传质阻力对甲醇制烯烃反应的影响。

本章参考文献

[1] Buurmans I L C, Weckhuysen B M. Heterogeneities of individual catalyst particles in space and time as monitored by spectroscopy. Nature Chemistry, 2012, 4(11): 873-886.

[2] Hendriks F C, Meirer F, Kubarev A V, et al. Single-molecule fluorescence microscopy reveals local diffusion coefficients in the pore network of an individual catalyst particle. Journal of the American Chemical Society, 2017, 139(39): 13632-13635.

[3] Chen T, Dong B, Chen K, et al. Optical super-resolution imaging of surface reactions. Chemical Reviews, 2017, 117(11): 7510-7537.

[4] Georgieva M, Nollmann M. Superresolution microscopy for bioimaging at the nanoscale: from concepts to applications in the nucleus. Research and Reports in Biology, 2015, 6: 157-169.

[5] Peng S, Xie Y, Wang L, et al. Exploring the influence of inter- and intra-crystal diversity of surface barriers in zeolites on mass transport by using super-resolution microimaging of time-resolved guest profiles. Angewandte Chemie International Edition, 2022, 61: e202203903.

[6] Remi J C S, Lauerer A, Chmelik C, et al. The role of crystal diversity in understanding mass transfer in nanoporous materials, Nature Materials, 2016, 15: 401.

[7] Peng S, Li H, Liu W, et al. Reaction rate enhancement by reducing surface diffusion barriers of guest molecules over ZSM-5 zeolites: a structured illumination microscopy study. Chemical Engineering Journal, 2022, 430: 132760.

[8] Peng S, Gao M, Li H, et al. Control of surface barriers in mass transfer to modulate methanol-to-olefins reaction over SAPO-34 zeolites. Angewandte Chemie International Edition, 2020, 59: 21945-21948.

[9] Sastre G, Kaerger J, Ruthven D M. Diffusion path reversibility confirms symmetry of surface barriers. Journal of Physical Chemistry C, 2019, 123(32): 19596-19601.

[10] Qian Q, Vogt C, Mokhtar M, et al. Combined operando UV/Vis/IR spectroscopy reveals the role of methoxy and aromatic species during the methanol-to-olefins reaction over H-SAPO-34. Chemcatchem, 2014, 6(12): 3396-3408.

[11] Wai D, Wu G, Li L, et al. Mechanisms of the deactivation of SAPO-34 materials with different crystal sizes applied as MTO catalysts. Acs Catalysis, 2013, 3(4): 588-596.

[12] Bordiga S, Regli L, Cocina D, et al. Assessing the acidity of high silica chabazite H-SSZ-13 by FTIR using CO as molecular probe: comparison with H-SAPO-34. Journal of Physical Chemistry B, 2005, 109(7): 2779-2784.

[13] Smith L, Cheetham A K, Marchese L, et al. A quantitative description of the active sites in the dehydrated acid catalyst H-SAPO-34 for the conversion of methanol to olefins. Catalysis Letters, 1996, 41(1-2): 13-16.

[14] Borodina E, Kamaluddin H S H, Meirer F, et al. Influence of the reaction temperature on the nature of the active and deactivating species during methanol-to-olefins conversion over H-SAPO-34. ACS Catalysis, 2017, 7(8): 5268-5281.

[15] Borodina E, Meirer F, Lezcano-Gonzalez I, et al. Influence of the reaction temperature on the nature of the active and deactivating species during methanol to olefins conversion over H-SSZ-13. ACS Catalysis, 2015, 5(2): 992-1003.

[16] Lee K Y, Chae H J, Jeong S Y, et al. Effect of crystallite size of SAPO-34 catalysts on their induction period and deactivation in methanol-to-olefin reactions. Applied Catalysis A-General, 2009, 369(1-2): 60-66.

[17] Mores D, Stavitski E, Kox M H F, et al. Space-and time-resolved in-situ spectroscopy on the coke formation in molecular sieves: methanol-to-olefin conversion over H-ZSM-5 and H-SAPO-34. Chemistry-A European Journal, 2008, 14(36): 11320-11327.

第 6 章

分子筛反应传质模型与应用

分子筛活性位点上的化学反应机理往往较为复杂，一般难以采用简单的单一反应方程进行描述。因此，很难通过获取解析公式的途径去理解和模拟分子筛的反应传质过程，而数值模拟则是一种很有效的替代方法。本章的目的是建立基于多组分的反应传质模型，通过数值模拟与其他实验手段相结合研究 MTO 过程中分子筛晶体中的甲醇转化过程。

6.1 反应传质模型

本节的目的是建立分子筛晶体的反应传质模型，并简要介绍与此相关的热力学校正因子与麦克斯韦-斯特藩(Maxwell-Stefan)扩散系数的计算。

6.1.1 反应传质控制方程

针对分子筛晶体中的反应传质过程，其控制方程可采用偏微分方程组表示：

$$\frac{\partial q_i}{\partial t} = -\nabla \cdot \boldsymbol{N}_i + r_i \tag{6.1.1}$$

式中，q_i 为分子筛晶体内部的第 i 个组分的浓度，$kmol/m^3$；$\boldsymbol{N}_i$ 为组分 i 的扩散通量(下面也称摩尔通量)，$kmol/(m^2 \cdot s)$；r_i 为组分 i 的反应速率，$kmol/(m^3 \cdot s)$；t 为时间，s。

一般采用 Maxwell-Stefan 方程描述多组分体系的扩散过程，其方程如下[1]：

$$-\frac{\theta_i}{RT}\nabla \mu_i = \sum_{j=1, j\neq i}^{n} \frac{q_j \boldsymbol{N}_i - q_i \boldsymbol{N}_j}{q_i^{sat} q_j^{sat} \mathcal{D}_{ij}} + \frac{\boldsymbol{N}_i}{q_i^{sat} \mathcal{D}_i} \tag{6.1.2}$$

式中，μ_i 为组分 i 的化学势，$J/kmol$；R 为摩尔气体常量，$J/(kmol \cdot K)$ [其值为 $8314 J/(kmol \cdot K)$]；T 为温度，K；$\mathcal{D}_i$ 为组分 i 的 Maxwell-Stefan 扩散系数，m^2/s；$\mathcal{D}_{ij}$ 为组分 i 的和组分 j 的交换系数(exchange coefficient)，m^2/s；n 为组分总数；q_i^{sat} 为分子筛晶体内组分 i 的饱和吸附浓度，$kmol/m^3$；θ_i 为组分 i 的相对吸附量($\theta_i = q_i / q_i^{sat}$)，无量纲。方程的左侧表示了组分 i 的化学势的变化，右侧表示组分 i 与其他组分(包括分子筛)摩擦力。因此，方程(6.1.2)意味着，组分 i 的化学势的梯度与它受到的摩擦力是相等的。针对 Maxwell-Stefan 扩散理论的详细介绍可参考文献[2]。

在方程(6.1.2)两端同乘以 q_i^{sat}，方程可变为

$$-\frac{q_i}{RT}\nabla\mu_i = \sum_{j=1,j\neq i}^{n}\frac{q_j\boldsymbol{N}_i - q_i\boldsymbol{N}_j}{q_j^{sat}\mathcal{D}_{ij}} + \frac{\boldsymbol{N}_i}{\mathcal{D}_i} \tag{6.1.3}$$

通过引入热力学校正因子(thermodynamic correction factors)，方程(6.1.3)左端可表示为吸附量的梯度[1, 3]

$$\frac{q_i}{RT}\nabla\mu_i = \sum_{j=1}^{n}\Gamma_{i,j}\nabla q_j \tag{6.1.4a}$$

$$\Gamma_{i,j} \equiv \frac{q_i}{q_j}\frac{\partial\ln(f_i)}{\partial\ln(q_j)} = \frac{q_i}{f_j}\frac{\partial f_i}{\partial q_j} \tag{6.1.4b}$$

式中，$\Gamma_{i,j}$ 为热力学校正因子，无量纲；f_i 为组分 i 的逸度(partial fugacity)，Pa。为表述方便，引入两个 $n\times n$ 型的矩阵 $\boldsymbol{B}$ 和 $\boldsymbol{\Gamma}$

$$\boldsymbol{B} = \begin{bmatrix} \frac{1}{\mathcal{D}_1}+\sum_{j=2}^{n}\frac{\theta_j}{\mathcal{D}_{1j}} & \frac{q_1^{sat}}{q_2^{sat}}\frac{\theta_1}{\mathcal{D}_{12}} & \cdots & \frac{q_1^{sat}}{q_n^{sat}}\frac{\theta_1}{\mathcal{D}_{1n}} \\ \frac{q_2^{sat}}{q_1^{sat}}\frac{\theta_2}{\mathcal{D}_{21}} & \frac{1}{\mathcal{D}_2}+\sum_{j=1,j\neq 2}^{n}\frac{\theta_j}{\mathcal{D}_{2j}} & \cdots & \frac{q_2^{sat}}{q_n^{sat}}\frac{\theta_2}{\mathcal{D}_{2n}} \\ \vdots & \vdots & \ddots & \vdots \\ \frac{q_n^{sat}}{q_1^{sat}}\frac{\theta_n}{\mathcal{D}_{n1}} & \frac{q_n^{sat}}{q_2^{sat}}\frac{\theta_n}{\mathcal{D}_{n2}} & \cdots & \frac{1}{\mathcal{D}_n}+\sum_{j=1}^{n-1}\frac{\theta_j}{\mathcal{D}_{nj}} \end{bmatrix}, \quad \boldsymbol{\Gamma} = \begin{bmatrix} \frac{q_1}{f_1}\frac{\partial f_1}{\partial q_1} & \frac{q_1}{f_1}\frac{\partial f_1}{\partial q_2} & \cdots & \frac{q_1}{f_1}\frac{\partial f_1}{\partial q_n} \\ \frac{q_2}{f_2}\frac{\partial f_2}{\partial q_1} & \frac{q_2}{f_2}\frac{\partial f_2}{\partial q_2} & \cdots & \frac{q_2}{f_2}\frac{\partial f_2}{\partial q_n} \\ \vdots & \vdots & \ddots & \vdots \\ \frac{q_n}{f_n}\frac{\partial f_n}{\partial q_1} & \frac{q_n}{f_n}\frac{\partial f_n}{\partial q_2} & \cdots & \frac{q_n}{f_n}\frac{\partial f_n}{\partial q_n} \end{bmatrix}$$

$$\tag{6.1.5}$$

结合式(6.1.4a)，方程(6.1.3)可表示为矩阵形式

$$-\boldsymbol{\Gamma}\begin{bmatrix}\nabla q_1 \\ \nabla q_2 \\ \vdots \\ \nabla q_n\end{bmatrix} = \boldsymbol{B}\begin{bmatrix}\boldsymbol{N}_1 \\ \boldsymbol{N}_2 \\ \vdots \\ \boldsymbol{N}_n\end{bmatrix} \tag{6.1.6}$$

则可得

$$\begin{bmatrix}\boldsymbol{N}_1 \\ \boldsymbol{N}_2 \\ \vdots \\ \boldsymbol{N}_n\end{bmatrix} = -\boldsymbol{B}^{-1}\boldsymbol{\Gamma}\begin{bmatrix}\nabla q_1 \\ \nabla q_2 \\ \vdots \\ \nabla q_n\end{bmatrix} \tag{6.1.7}$$

代入式(6.1.1)，可得到矩阵形成的反应传质控制方程

$$\begin{bmatrix} \dfrac{\partial q_1}{\partial t} \\ \dfrac{\partial q_2}{\partial t} \\ \vdots \\ \dfrac{\partial q_n}{\partial t} \end{bmatrix} = \nabla \cdot \left[\boldsymbol{B}^{-1} \, \boldsymbol{\Gamma} \begin{bmatrix} \nabla q_1 \\ \nabla q_2 \\ \vdots \\ \nabla q_n \end{bmatrix} \right] + \begin{bmatrix} r_1 \\ r_2 \\ \vdots \\ r_n \end{bmatrix} \tag{6.1.8}$$

在式(6.1.8)中，与算符 $\nabla\cdot$ 有关的作用具体为

$$\nabla \cdot \begin{bmatrix} \boldsymbol{N}_1 \\ \boldsymbol{N}_2 \\ \vdots \\ \boldsymbol{N}_n \end{bmatrix} = \begin{bmatrix} \nabla \cdot \boldsymbol{N}_1 \\ \nabla \cdot \boldsymbol{N}_2 \\ \vdots \\ \nabla \cdot \boldsymbol{N}_n \end{bmatrix} \tag{6.1.9}$$

方程(6.1.8)是以矩阵形式表示的分子筛晶体的反应传质控制方程。在反应传质控制方程中，不仅反应速率是各组分浓度的耦合函数，扩散通量也是各组分浓度的耦合函数。由式(6.1.5)可知，矩阵 $\boldsymbol{B}$ 和 $\boldsymbol{\Gamma}$ 受各组分浓度的影响。可见，方程(6.1.8)中的扩散项与组分浓度的梯度具有非线性依赖关系。

6.1.2 热力学校正因子

为了模拟分子筛晶体的反应传质过程，需要知道热力学校正因子。对于多组分体系，一般可基于理想吸附溶液理论(ideal adsorption solution theory)计算热力学校正因子[1, 2]。在本小节中，将简单介绍相关的计算过程(理想吸附溶液理论的详细信息可参考文献[4])。

根据理想吸附溶液理论，可以得到平衡时气相分压与晶体内部浓度的依赖关系。它具有如下的方程体系：

$$\int_0^{P_1^o} n_1^o(p)\mathrm{d}\ln p = \int_0^{P_2^o} n_2^o(p)\mathrm{d}\ln p = \cdots = \int_0^{P_n^o} n_n^o(p)\mathrm{d}\ln p \tag{6.1.10a}$$

$$p_i = P_i^o x_i, \qquad i = 1,\cdots,n \tag{6.1.10b}$$

$$\sum_{i=1}^{n} x_i = 1 \tag{6.1.10c}$$

$$\frac{1}{q_t} = \sum_{i=1}^{n} \frac{x_i}{q_i^o} \tag{6.1.10d}$$

方程组(6.1.10)共有 $2n+1$ 个方程，但有 $3n+1$ 个变量，包括 p_i、q_t、x_i、P_i^o。其中，p_i 为组分 i 的气相分压，Pa；q_t 为晶体内部总的吸附量(即 $q_t = \sum_{i=1}^{n} q_i$)，kmol/m³；x_i

为晶体内部组分 i 的摩尔分量(即 $x_i = q_i / q_t$),无量纲;P_i^o 为 i 物种在单一(纯)组分情况下的气相平衡压力,它是计算过程中的中间变量,Pa。

方程(6.1.10a)具有明确的物理意义。它表示各组分具有相同的扩展压力(spreading pressure),其中函数 $n_i^o(p)$ 表示物种 i 在单一(纯)组分情况下晶体内部的吸附量与压力的依赖关系。对于一些体系,可以使用朗缪尔(Langmuir)公式表示函数函数 $n_i^o(p)$

$$n_i^o(p) = q_i^{sat} \frac{b_i p}{1 + b_i p} \tag{6.1.11}$$

除了 Langmuir 公式外,函数 $n_i^o(p)$ 也可以采用其他形式,如考虑多吸附位或经过校正的形式。在方程(6.1.10d)中,q_i^o 为 i 物种在单一(纯)组分情况下,当气相压力为 P_i^o 时晶体内部的吸附量,即 $q_i^o = n_i^o(P_i^o)$,kmol/m³。

由方程(6.1.10)可知,当气相分压(n 个变量)给定时,可以从 $2n+1$ 个方程中计算得到剩余的 $2n+1$ 个变量。因此,也可以将吸附量看作是分压的函数。相反,若吸附量(q_t、x_i)给定,则由 $2n$ 个方程(除去方程 6.1.10c)可以计算得到剩余的 $2n$ 个变量,即也可以认为分压是吸附量的函数。在有了分压和吸附量的函数关系后,由式(6.1.4b)即可得到校正因子。在理想吸附溶液理论中,式(6.1.4b)中的逸度 f_i 即此处气相分压 p_i。

6.1.3 扩散系数

Maxwell-Stefan 扩散理论适合描述多组分体系的扩散行为[2]。扩散行为预测的精确程度与扩散系数有关。扩散系数受诸多因素的影响,需要根据具体情况进行专门的研究。本小节中,作者将简单介绍扩散系数计算过程中需要注意的问题以及相关的经验公式。

Maxwell-Stefan 方程中的扩散系数与一般测量方法中的扩散系数不同。对于单一组分体系,由方程(6.1.3)和方程(6.1.4)可得到扩散通量(N)的表达式为

$$N = -\boldsymbol{\Gamma} \boldsymbol{\mathcal{D}} \nabla q \tag{6.1.12}$$

这与一般基于菲克(Fick)定律的扩散通量的公式不同。依据 Fick 定律,扩散通量可表示为

$$N = -D \nabla q \tag{6.1.13}$$

可见,两种扩散系数不同,它们之间具有如下关系:

$$D = \boldsymbol{\Gamma} \boldsymbol{\mathcal{D}} \tag{6.1.14}$$

对于多组分体系,在预测组分 i-j 的交换系数时,可以采用经验关联式[5, 6]

$$q_j^{sat} \mathcal{D}_{ij} = \left(q_j^{sat} \mathcal{D}_{ii} \right)^{\frac{q_i}{q_i+q_j}} \left(q_i^{sat} \mathcal{D}_{jj} \right)^{\frac{q_j}{q_i+q_j}} \tag{6.1.15}$$

式中，$\mathcal{D}_{ii}$ 或 $\mathcal{D}_{jj}$ 为组分 i 或 j 的自交换系数(self-exchange coefficient)，m^2/s。自交换系数与自扩散系数及 Maxwell-Stefan 扩散系数(纯组分)有如下关系[7]：

$$\mathcal{D}_{ii} = \frac{\theta_i}{\dfrac{1}{D_{i,\text{self}}} - \dfrac{1}{\mathcal{D}_i}} \qquad (6.1.16)$$

或采用以下相类似的经验关联式[7]：

$$\frac{\mathcal{D}_{ii}}{\mathcal{D}_i} = a_1 \exp(-a_2\theta_i) + a_3 \exp(-a_4\theta_i) \qquad (6.1.17)$$

式中，参数 a_1、a_2、a_3、a_4 可通过分子模拟获取。具体可参考文献[7]。

6.2　MTO 固定床的反应扩散模拟

SAPO-34 分子筛是应用于 MTO 过程的重要分子筛之一，其具有较大笼结构和较小八元环窗口构成的 CHA 拓扑结构。较小的八元环窗口限制了大分子产物的扩散，使得小分子烯烃，如乙烯和丙烯，择优通过窗口[8-10]。这一拓扑结构虽然有利于双烯选择性的提高，但其限制了大分子产物的扩散，使得大分子产物进一步发生稠环化或者氢转移反应而形成积炭物种，从而导致催化剂积炭催化失活[11]。Dahl 和 Kolboe[12, 13]提出的烃池反应机理进一步完善了双循环反应机理[14]，认为烃池物种分为链状烯烃与芳烃物种。其中，芳烃物种不仅能够起到自催化的作用，还能进一步发生稠环化反应形成稠环芳烃物种。在 MTO 反应过程中，随着芳烃物种和积炭物种的形成，低碳烯烃的选择性呈现出上升趋势并伴随着催化剂的失活。积炭物种在催化剂内部的沉积将覆盖酸性位点以及堵塞孔道从而影响反应物和产物的扩散。Dai 等[15]发现随着 SAPO-34 分子筛中积炭含量的增加，分子的扩散系数表现为一定程度的下降，尺寸较小的分子更容易扩散出催化剂孔道。因此他们推测，积炭含量的增加是低碳烯烃选择性增加的主要原因。研究发现减小 SAPO-34 分子筛的晶体粒度能够显著延长 MTO 的催化寿命[16-18]。这是由于减小催化剂晶体粒度，即缩短了分子的扩散路径，而较短的扩散路径使得催化剂中形成的产物能够较快地扩散至气相，从而抑制了稠环化以及氢转移反应的发生，即降低了稠环芳烃物种的形成速率因而延长了 MTO 的催化寿命。实验证实较小晶体粒度的 SAPO-34 分子筛催化 MTO 反应不仅具有较慢的积炭物种形成速率，而且在完全失活的催化剂中的积炭含量相较大晶体 SAPO-34 分子筛更高。Cai 等[19]通过模拟计算说明了稠环芳烃物种的生成将严重堵塞催化剂孔道并且显著阻碍气相反应物和产物分子的扩散，造成了催化失活，同时使得催化剂内部有一部分酸性位点无法被接触而未被利用。

从以上讨论可以发现 SAPO-34 分子筛催化的 MTO 反应，反应物和产物的扩散对于催化剂的催化寿命及产物选择性具有极为重要的作用。因此发展出一种耦合反应动力学与分子扩散模型对理解 MTO 的反应扩散历程以及优化反应器工艺流程具有重要意义。MTO 的反应动力学模型主要有集总动力学和微观反应动力学两类[20]，在这两类反应动力学模型中往往采用经验函数来描述积炭物种的形成对 MTO 过程的失活作用，如指数型与双曲线型函数模型，其中的模型参数往往通过与实验数据拟合而获得。这一经验失活函数无法反映扩散限制作用对催化寿命与产物选择性变化的影响，以及积炭物种的形成对反应物与产物扩散性能的影响。因此，本章中将发展一种反应动力学与扩散模型相结合的模型用于 SAPO-34 分子筛催化的 MTO 反应中，并描述积炭催化失活作用。在本节中，SAPO-34 分子筛晶体尺寸大于 1μm，作者在模型中暂时忽略了表面传质阻力的影响，主要关注扩散对反应的影响。

6.2.1　固定床控制方程

在装有分子筛催化剂的固定床反应器中，反应扩散过程可以分为两个尺度。在分子筛催化剂单晶尺度上，主要考虑催化活性位点上的催化反应以及分子筛晶体孔道中的扩散；在反应器尺度上，主要考虑反应器中流体的轴向对流以及气相与分子筛催化剂表界面的质量传递。如图 6.2.1 所示，将固定床反应器近似为多个全混流反应器串联而成，并且在每级全混流反应器中分子筛晶体假设为球形以及单分散形式。

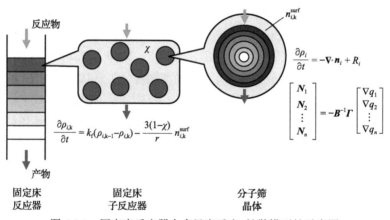

图 6.2.1　固定床反应器中多尺度反应–扩散模型的示意图

在单一分子筛晶体中，分子筛中组分 i 的浓度变化可以表示为[1, 3]

$$\frac{\partial \rho_i}{\partial t} = -\nabla \cdot \boldsymbol{n}_i + R_i \tag{6.2.1}$$

式中，$\rho_i = M_i q_i \rho_{\text{zeo.}}$ 为分子筛中组分 i 的密度，kg/m³。其中，M_i 为组分 i 的摩尔质量，kg/kmol；q_i 为的组分 i 浓度，kmol/kg 分子筛；$\rho_{\text{zeo.}}$ 为分子筛的密度，kg 分子筛/m³。t 为反应时间，s。$\boldsymbol{n}_i = M_i \boldsymbol{N}_i$ 为组分 i 的质量通量，kg/(m²·s)，其中，$\boldsymbol{N}_i$ 为组分 i 的摩尔通量，kmol/(m²·s)。R_i 为组分 i 的反应速率，kg/(m³·s)。

摩尔通量 $\vec{N}_i$ 可以通过多组分 Maxwell-Stefan 扩散理论求解[2]：

$$-\frac{\theta_i}{RT}\nabla\mu_i = \sum_{\substack{i=1\\j\neq 1}}^{n}\frac{q_j\boldsymbol{N}_i - q_i\boldsymbol{N}_j}{q_i^{\mathrm{sat}}q_j^{\mathrm{sat}}D_{ij}} + \frac{\boldsymbol{N}_i}{q_i^{\mathrm{sat}}D_i}, \qquad i = 1,2,\cdots,n \tag{6.2.2}$$

式中，μ_i 为组分 i 的化学势，J/kmol；R 为摩尔气体常量，J/(kmol·K)；T 为绝对温度，K；q_i^{sat} 为组分 i 的饱和吸附量，kmol/kg 分子筛；D_i 为组分 i 的有效扩散系数，$\mathrm{m^2/s}$；D_{ij} 为组分 i 和 j 的交换扩散系数，$\mathrm{m^2/s}$；θ_i 为组分 i 在分子筛中的占有分数（$\theta_i \equiv \frac{q_i}{q^{\mathrm{sat}}}$）。通过热力学校正因子 $\Gamma_{i,j}$ 的引入，可以将化学势梯度进一步表达为 θ_i 的梯度函数：

$$-\frac{\theta_i}{RT}\nabla\mu_i = \Gamma_{i,j}\nabla\theta_j, \quad \Gamma_{i,j} = \frac{\theta_i}{p_i}\frac{\partial p_i}{\partial\theta_i}, \qquad i = 1,2,\cdots,n \tag{6.2.3}$$

式中，p_i 为组分 i 的分压，其可以由 θ_i 与等温吸附方程确定得到。方程(6.2.2)与方程(6.2.3)可以写为矩阵形式[2]：

$$\begin{bmatrix}\boldsymbol{N}_1\\\boldsymbol{N}_2\\\vdots\\\boldsymbol{N}_n\end{bmatrix} = -\boldsymbol{B}^{-1}\,\boldsymbol{\Gamma}\begin{bmatrix}\nabla q_1\\\nabla q_2\\\vdots\\\nabla q_n\end{bmatrix} \tag{6.2.4}$$

其中矩阵 $\boldsymbol{B}$ 的元素可以表达为

$$B_{ii} = \frac{1}{D_i} + \sum_{\substack{j=1\\i\neq 1}}^{n}\frac{\theta_j}{D_{ij}}, \quad B_{ij(i\neq j)} = -\frac{q_i^{\mathrm{sat}}}{q_j^{\mathrm{sat}}}\frac{\theta_i}{D_{ij}}, \qquad i = 1,2,\cdots,n \tag{6.2.5}$$

热力学校正因子 $\Gamma_{i,j}$ 可以通过纯组分的等温吸附参数由理想吸附溶液理论[4]进行计算。SAPO-34 分子筛中纯组分的等温吸附曲线可以通过 Langmuir 吸附模型表示：

$$q_i = q_i^{\mathrm{sat}}\frac{b_i p_i}{1 + b_i p_i} \tag{6.2.6}$$

式中，b_i 为 Langmuir 等温吸附参数，$\mathrm{Pa^{-1}}$。

交换扩散系数 D_{ij} 可通过纯组分扩散系数进行简化估计[2]［与式(6.1.15)相比，作了进一步简化］：

$$q_j^{\mathrm{sat}}D_{ij} = q_i^{\mathrm{sat}}D_{ji} = \left(q_j^{\mathrm{sat}}D_i\right)^{\frac{q_i}{q_i+q_j}}\left(q_i^{\mathrm{sat}}D_j\right)^{\frac{q_j}{q_i+q_j}} \tag{6.2.7}$$

在固定床反应器中，各级全混流反应器中各组分的控制方程为

$$\chi\frac{\partial\rho_{i,k}}{\partial t} = k_{\mathrm{f}}\left(\rho_{i,k-1} - \rho_{i,k}\right) + \frac{3(1-\chi)}{r}n_i^{\mathrm{surf}} \tag{6.2.8}$$

式中，χ 为催化剂床层的孔隙率；k_f 为体积流量与床层催化剂体积的比值，s^{-1}；$\rho_{i,k-1}$ 为组分 i 在子反应器 k–1 中的密度；r 为分子筛催化剂的有效半径，m；n_i^{surf} 为组分 i 在分子筛表界面处的质量通量，$kg/(m^2\cdot s)$。方程(6.2.8)中在子反应器 k–1 中组分 i 的密度 $\rho_{i,k-1}$ 将作为子反应器 k 的进料条件。方程(6.2.8)的右式第一项表示气体在反应器中的对流项，第二项表示气相与分子筛表界面发生的质量交换，其中 n_i^{surf} 实际上为质量通量 $\boldsymbol{n}_i$ 在表界面处的取值。方程(6.2.8)适用于体系中的 n 组分，其中将 k_f 假设为常数。

方程(6.2.1)与方程(6.2.8)相结合即可表示固定床反应中分子筛晶体内的反应扩散过程。单一 SAPO-34 分子筛晶体被假设为球形并且通过有限体积法离散为规则的网格。采用 2~4 级全混流反应器近似固定床反应器，模拟研究发现采用 2 级全混流反应器即可近似固定床反应器，相比于 3 级与 4 级全混流串联反应器近似的固定床反应器，2 级全混流反应器串联所得到的甲醇转化率与产物选择性模拟结果并未呈现出明显差异。MTO 反应过程中积炭物种的形成对于分子扩散与吸附的影响将在下面详述。

方程(6.2.1)与方程(6.2.8)是通过分子筛表界面处的质量通量 n_i^{surf} 进行连接的，形成了一套耦合的偏微分控制方程组。通过有限体积法空间算符离散后，方程组可以化简为时间相关的常微分方程组。本章采用约化储存矩阵法（结合牛顿迭代法、后向差分公式（BDF）方法、广义最小残量方法（GMRES）迭代法以及刚性反应预处理方法），用于求解刚性常微分方程组。

6.2.2　反应动力学模型

近年来发展和完善了 MTO 的双循环反应机理，认为 MTO 过程中存在烯烃与芳烃两种催化循环[11, 14, 21]。如图 6.2.2 所示，酸性中心主导了质子化、甲基化、烷基化和 β(beta) 消去等烯烃循环过程中的重要反应[22, 23]，因此采用 S 表示酸性位点，并且主要代表烯烃循环涉及的活性位点。为了考察积炭物种的形成对于分子扩散以及催化失活的影响，将积炭物种划分为活性积炭物种 A 与非活性积炭物种 N。根据实验结果以及密度泛函理论计算结果[10, 24-26]，一般认为多甲基苯和甲基萘物种具有催化活性，而菲与芘等稠环芳烃物种的催化活性很弱并且其由于分子体积较大，将显著限制分子的扩散[27]。在

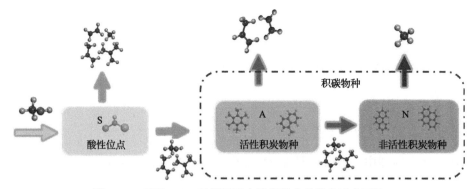

图 6.2.2　基于 MTO 双循环反应机理得出的简化反应网络

本章中，活性积炭物种 A 主要由烯烃循环的产物发生成环与氢转移反应而形成[28]，并且活性积炭物种 A 能够作为催化活性中心起到共催化的作用。然而，活性积炭物种 A 将进一步发生稠环化反应与氢转移反应形成非活性积炭物种 N，这一过程中将产生大量的烷烃。根据这些思考，建立了简化的 MTO 反应网络，如表 6.2.1 所示。

表 6.2.1　MTO 反应网络及相关参数

编号	反应类型	反应	反应速率常数/[m³/(kg·s)]
1	烯烃循环	MeOH + S $\longrightarrow$ C_2 + H_2O	4.85 ± 0.15
2		MeOH + S $\longrightarrow$ C_3 + H_2O	5.40 ± 0.10
3		MeOH + S $\longrightarrow$ C_{4+} + H_2O	3.10 ± 0.01
4		MeOH + S $\longrightarrow$ 烷烃(alkanes) + H_2O	1.23 ± 0.20
5	活性积炭物种形成	C_3 + S $\longrightarrow$ A	0.04 ± 0.00
6		C_{4+} + S $\longrightarrow$ A	0.10 ± 0.00
7	芳烃循环	MeOH + A $\longrightarrow$ C_2 + H_2O	6.00 ± 0.71
8		MeOH + A $\longrightarrow$ C_3 + H_2O	3.35 ± 0.82
9	非活性积炭形成	MeOH + A $\longrightarrow$ N + H_2O	0.07 ± 0.01
10		C_2 + A $\longrightarrow$ N	0.02 ± 0.00
11		C_3 + A $\longrightarrow$ N	0.06 ± 0.01
12		C_{4+} + A $\longrightarrow$ N	0.04 ± 0.01
13	氢转移反应	MeOH + N $\longrightarrow$ alkanes + H_2O	0.06 ± 0.00
14		C_2 + N $\longrightarrow$ alkanes	0.10 ± 0.03
15		C_3 + N $\longrightarrow$ alkanes	0.02 ± 0.00

注：S 为酸性位点；A 为活性积炭物种；N 为非活性积炭物种。

6.2.3　分子筛扩散模型

为了探究 MTO 过程中，分子尺寸对扩散系数的影响，首先通过吸附速率法测试了不同客体分子在 SAPO-34 分子筛中的扩散系数。图 6.2.3 (a) 为 SAPO-34 分子筛中甲醇、乙烯、丙烯和异丁烯分子在 313K 下的吸附速率曲线。有效扩散系数采用第 2 章和第 4 章中所提出的方法进行计算，如表 6.2.2 所示。在 SAPO-34 分子筛中，客体分子的扩散系数从小至大排列为异丁烯<丙烯<甲醇<乙烯<甲烷。分子扩散速率越快，则分子在 SAPO-34 分子筛晶体中的停留时间越短。为了验证所测得的分子扩散系数的准确性，进一步将实验结果与文献报道结果进行了对比[29]。Ruthven 和 Reyes[30]通过 ZLC 法获得

了在 323K 下, 乙烯的有效扩散系数为 $1.5 \times 10^{-13} \mathrm{m}^2/\mathrm{s}$ 及其扩散活化能为 19.60kJ/mol, 丙烯的有效扩散系数为 $9.0 \times 10^{-14} \mathrm{m}^2/\mathrm{s}$ 及其扩散活化能为 23.40kJ/mol。Chen 等[31]通过微量振荡天平(TEOM)法测得在 303K 下,甲醇的有效扩散系数为 $1.50 \times 10^{-13} \mathrm{m}^2/\mathrm{s}$ 及其扩散活化能为 25.30kJ/mol。图 6.2.3(b)为 SAPO-34 分子筛中甲醇、乙烯、丙烯和异丁烯分子在 313K 下的等温吸附曲线。饱和吸附量 q^{sat} 从小至大排序为异丁烯<乙烯<丙烯<甲醇,这与纯硅 CHA 结构分子筛[32]以及 SAPO-34 分子筛中的 Langmuir 等温吸附以及吸附热结果是相应的。

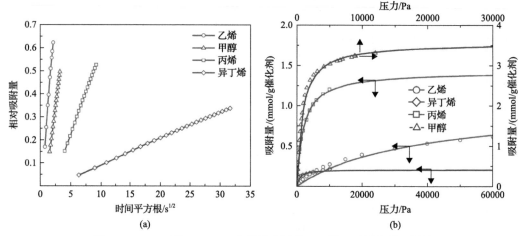

图 6.2.3   313K 下 SAPO-34 分子筛中甲醇、乙烯、丙烯和异丁烯的
吸附速率曲线(a)以及等温吸附曲线(b)

图(a)实线为 Fick 第二定律的拟合结果;图(b)实线为 Langmuir 模型拟合结果

表 6.2.2   SAPO-34 分子筛中甲醇、乙烯、丙烯、异丁烯和甲烷的有效扩散系数、
扩散活化能、Langmuir 模型参数及吸附热

客体分子	$D/(\mathrm{m}^2/\mathrm{s})$	$E_{\mathrm{a}}/(\mathrm{kJ/mol})$	$q^{\mathrm{sat}}/(\mathrm{mmol/g}$分子筛$)$	b/Pa^{-1}	$-\Delta H_{\mathrm{ads}}/(\mathrm{kJ/mol})$
甲醇	9.61×10^{-14}	25.26 [31]	3.58	1.24×10^{-3}	28.43 [31]
乙烯	2.46×10^{-13}	19.60 [30]	0.87	3.94×10^{-5}	23.40
丙烯	1.18×10^{-14}	23.40 [30]	1.25	6.69×10^{-4}	25.16 [31]
异丁烯	2.89×10^{-16}	42.40	0.23	8.31×10^{-4}	45.60 [33]
甲烷[34, 35]	1.10×10^{-11}	13.59	2.70	1.50×10^{-6}	16.00

MTO 反应的 SAPO-34 分子筛积炭失活可能由两种因素造成:孔道堵塞和酸性位点被覆盖,这两种因素的主导作用可以由分析积炭物种的体积 V_{c} 以及分子筛孔道中无法被接触到的孔体积 V_{na} 的相对变化趋势进行区分[36-38]。当积炭失活以酸性位点覆盖为主导时,$V_{\mathrm{c}}/V_{\mathrm{na}}$ 比值随着反应进行保持在 1 左右。如果积炭不仅覆盖了酸性位点,同时堵塞了催化剂孔道,则 $V_{\mathrm{c}}/V_{\mathrm{na}}$ 比值随着反应进行将小于 1。如图 6.2.4(a)所示,V_{c} 通过催化剂的积炭量除以积炭密度获得[39],随着 MTO 反应的进行,表 6.2.3 列出了积炭含量、积炭密度 ρ_{coke}、微孔体积 V_{micro} 的变化,其中 V_{na} 是通过新鲜 SAPO-34 分子筛的微孔体积减去

积炭催化剂的微孔体积而获得的。如图 6.2.4(a) 所示，随着 MTO 反应过程的进行，V_c/V_{na} 比值小于 1 且逐渐下降，这说明 MTO 过程中催化剂的孔道堵塞是造成催化剂积炭失活的主要原因，并且随着积炭的形成，催化剂的孔道堵塞程度加剧。丙烷在不同积炭量 SAPO-34 分子筛上的吸附情况[图 6.2.4(b)]也证实了这一点。积炭的形成堵塞了分子筛的孔道，这不仅使得分子的扩散系数发生了变化并且扩散的路径也发生了变化，因此，通过宏观的吸附动力学测试法难以获得分子筛中积炭含量对分子扩散系数的影响。而本章中所发展的反应扩散模型则可揭示积炭含量对分子扩散系数的影响。由文献中的研究发现，随着分子浓度在 CHA 笼中的提高，分子的扩散系数会有一定程度的增大[40]。类似地，分子筛笼中的活性积炭小分子的形成对于小分子的扩散影响较小。但随着大分子非活性积炭物种的形成，分子的扩散将受到显著的阻碍[16]。基于以上发现组分 i 的扩散系数 D_i^{coke} 与积炭的依赖关系为

$$D_i^{coke} = \exp(-A_i q_A) \cdot \exp(-B_i q_N) \tag{6.2.9}$$

式中，A_i 和 B_i 为活性积炭物种和非活性积炭物种的形成对于客体分子扩散系数的影响的无量纲参数；q_A 和 q_N 为活性积炭与非活性积炭物种的相对含量，kg/kg 分子筛。参数值见表 6.2.4。

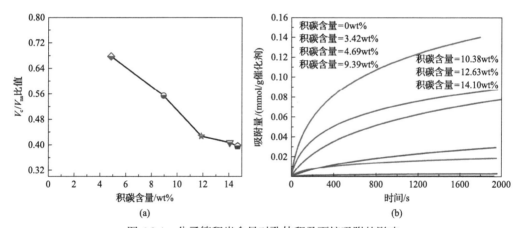

图 6.2.4　分子筛积炭含量对孔体积及丙烷吸附的影响

(a) V_c/V_{na} 比值随着积炭含量增加的变化；(b) 丙烷在不同积炭量 SAPO-34 分子筛中的吸附速率曲线

(压力变化为 0～9mbar，温度 313K) 曲线从上往下，积炭含量依次增加

表 6.2.3　SAPO-34-M 样品中积炭体积以及分子筛微孔体积随着积炭含量增加的变化

反应时间/min	积炭含量[①]/wt%	ρ_{coke}[②]/(g 分子筛/m³)	V_{micro}[③]/(m³/g 分子筛)	V_{na}[④]/(m³/g 分子筛)
新鲜-0.0	0.00	—	0.2702	0.0000
20.6	4.91	0.61	0.1508	0.1194
41.2	8.99	0.86	0.0808	0.1894
60.9	11.89	1.10	0.0164	0.2538

续表

反应时间/min	积炭含量[①]/wt%	ρ_{coke}[②]/(g 分子筛/m³)	V_{micro}[③]/(m³/g 分子筛)	V_{na}[④]/(m³/g 分子筛)
78.45	14.08	1.31	0.0061	0.2640
109.9	14.68	1.37	0.0007	0.2695

①积炭含量通过 TGA 测得。
②积炭的密度通过文献[39]估算。
③微孔体积通过液氮温度氮气物理吸附的 t-plot 方法测得。
④N₂ 不可接触体积：$V_{na} = V_{micro(新鲜)} - V_{micro(使用分子筛催化剂)}$。

表 6.2.4 **活性与非活性积炭物种形成对 SAPO-34 分子筛中客体分子扩散系数影响的模型参数**

客体分子	A_i	B_i
甲醇	0.00	40.00
乙烯	−20.00	85.00
丙烯	−15.00	85.00
C$_{4+}$	−15.00	90.00
烷烃	0.00	10.00

图 6.2.5(a) 为 313K 下丙烷分子在不同积炭含量 SAPO-34 分子筛的等温吸附线，随着积炭含量的增加，分子的饱和吸附量显著下降，这与分子筛中的酸性位点含量下降相关联。虽然随着反应的进行，分子的饱和吸附量和酸性位点含量下降，但甲醇的转化率却维持在 100%，这是由于分子筛中生成了较多的活性积炭物种。基于图 6.2.5(b)，不同积炭含量分子筛上组分 i 的饱和吸附量 $q_i^{sat,coke}$ 为

$$q_i^{sat,coke} = q_i^{sat}\left(\frac{Coke_{max} - Coke}{Coke_{max}}\right)^2 \tag{6.2.10}$$

式中，$Coke_{max}$ 为 SAPO-34 分子筛中的最大积炭含量，wt%；$Coke$ 为不同反应时间的 SAPO-34 分子筛中的积炭含量，wt%。

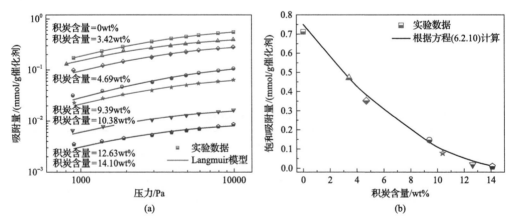

图 6.2.5 313K 下丙烷分子在不同积炭含量 SAPO-34 分子筛中的等温
吸附线(a)和饱和吸附量随积炭含量的变化(b)

6.2.4 模拟结果与实验比较

基于 MTO 双循环反应机理,乙烯、丙烯、C₄+ 组分和烷烃可以通过烯烃循环生成[41],而芳烃循环则以生成乙烯及丙烯为主。在反应扩散模型中,基于实验所测得的分子扩散系数以及等温吸附参数,通过拟合 SAPO-34 样品的 MTO 反应结果而获得反应动力学参数[42]。如表 6.2.1 所示,分析所获得的芳烃循环的动力学参数,可以发现乙烯形成的动力学速率高于丙烯,这与理论计算的结果是一致的。

图 6.2.6 显示出了不同晶体大小 SAPO-34 分子筛催化 MTO 反应的实验与模拟结果,二者吻合较好。其中,SAPO-L、SAPO-M 和 SAPO-S 的晶体大小分别为 1μm、4μm 和 8μm。对于较小的分子筛(SAPO-S),在反应的初始阶段,丙烯和 C₄+ 的选择性较高,而乙烯和烷烃的选择性较低,模拟结果同样反映出了这一规律。模拟结果表明较大分子的扩散系数较小,其在分子筛晶体中的停留时间较长,发生成环和氢转移反应的可能性增加,因而缩小晶体粒度将使得芳烃循环的启动得到延缓。需要强调的是,反应扩散模型中不涉及经验失活函数模型,图 6.2.6 中的 MTO 失活是由于酸性位点被积炭物种覆盖并同时影响分子扩散能力的结果。为了验证模拟结果的正确性,进一步对比了 MTO 过程中酸性位点含量、活性积炭物种相对含量、非活性积炭物种相对含量以及积炭含量的变化规律,如图 6.2.7 所示。随着 MTO 反应的进行,SAPO-34 分子筛中的酸性位点含量呈现出指数型下降,这与一维氢魔角旋转核磁共振技术(¹H MAS NMR)的实验结果规律相一致[15]。在 MTO 反应初始阶段,在小晶体分子筛中的酸性位点覆盖速率小于大晶体分子筛。在完全失活的分子筛中,约有 20% 的酸性位点未被积炭物种覆盖,这意味着这部分酸性位点无法继续被反应物以及产物接触。在失活催化剂中,剩余酸性位点含量从小至大排序为 SAPO-S < SAPO-M < SAPO-L,这说明了减小晶体粒度将有利于提高分子筛中酸性位点的利用率。类似地,在完全失活的小粒度分子筛中,残留的活性积炭物种相对含量也较少。活性积炭物种是 MTO 反应过程中的重要中间物种,因此随着 MTO 反应的进行,其相对含量呈现出先增加后减少的规律,如图 6.2.7(b)所示。减小晶体粒度不仅提高了酸性位点利用率以及活性积炭物种的可接触性从而延长了 MTO 反应的催化寿命,而且增加了非活性积炭物种的相对含量以及分子筛积炭含量。本章所开发的反应扩散模拟能

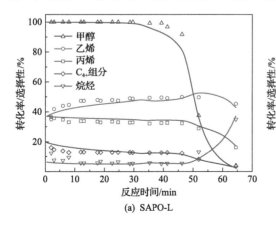

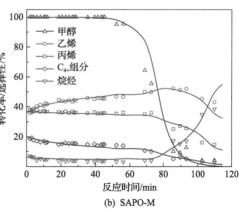

(a) SAPO-L

(b) SAPO-M

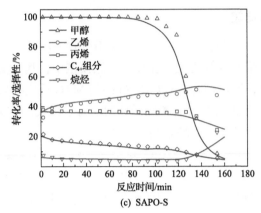

(c) SAPO-S

图 6.2.6　不同晶体大小 SAPO-34 分子筛催化 MTO 反应的实验与模拟结果

实线为反应扩散模型的模拟结果，离散点为实验结果；模拟条件：$T = 723\mathrm{K}$，
空速（WHSV）$= 5\mathrm{g_{MeOH}}/(\mathrm{g}$ 分子筛·h），甲醇分压为 0.28bar

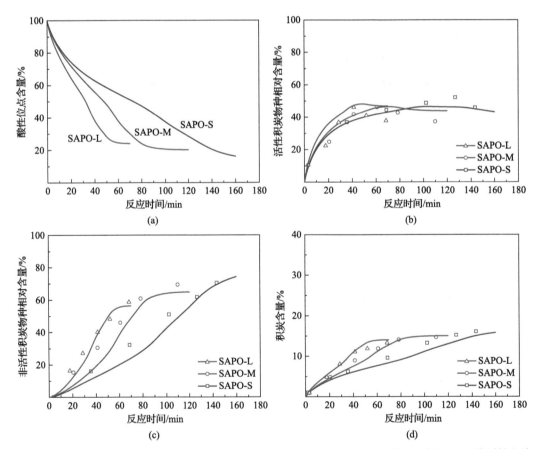

图 6.2.7　不同晶体大小 SAPO-34 分子筛中酸性位点含量（a）、活性积炭物种相对含量（b）、非活性积炭
物种相对含量（c）以及积炭含量随 MTO 反应时间变化的变化规律（d）

模拟条件：$T = 723\mathrm{K}$，WHSV $= 5\mathrm{g_{MeOH}}/(\mathrm{g}$ 分子筛·h），甲醇分压为 0.28bar

够较好地反映出以上所观察到的实验现象，并且能较好地刻画反应过程中，烯烃选择性变化以及分子筛晶体大小对于 MTO 反应性能的影响。

原位在线观测反应过程中分子的扩散行为与路径是十分具有挑战性的[43]，特别是 MTO 反应过程中还涉及积炭物种的形成，使得这一问题更加复杂。积炭含量对于不同客体分子有效扩散系数的影响如图 6.2.8 所示。在 MTO 反应的初始阶段，分子筛笼中的多甲基苯以及萘积炭物种的形成虽然占据了分子筛笼的空间，但并不造成孔道的堵塞。因此在 MTO 反应的初始阶段，客体分子的有效扩散系数并不发生显著的改变。随着反应的进行，菲、芘以及稠环芳烃逐渐形成并且堵塞了分子筛的微孔孔道，因此在 MTO 反应初期之后，随着积炭物种的生成，客体分子的有效扩散系数发生显著下降，但积炭物种的形成对于不同客体分子的影响是不同的。对于较小的客体分子，如甲烷与甲醇，积炭物种的形成对于其有效扩散系数的影响较小。但对于较大的分子，如丙烯和 C$_{4+}$ 组分的有效扩散系数受到积炭物种的形成影响显著，直到催化剂完全失活，其有效扩散系数约下降了 4 个数量级。如图 6.2.7 所示，积炭物种的形成影响了大分子的扩散，使得这部分大分子受困于分子筛中，因此当甲醇转化率显著下降时，非活性积炭物种的持续生成可能是由于大分子物种的副反应[16]。此时，虽然乙烯的扩散受到了积炭物种的显著限制，但其有效扩散系数依旧高于丙烯和 C$_{4+}$ 组分，这能够部分解释在催化失活过程中，乙烯的选择性依旧增加而大分子气相产物的选择性下降的现象。

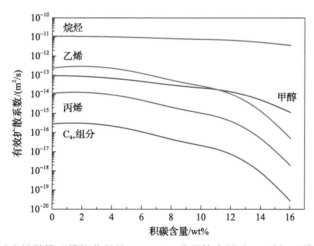

图 6.2.8　反应扩散模型模拟获得的 SAPO-34 分子筛中甲醇、乙烯、丙烯、C$_{4+}$ 组分和烷烃的有效扩散系数随积炭含量的变化

基于以上的实验现象以及模拟结果，进一步设想了 SAPO-34 分子筛中 MTO 过程的反应扩散行为，如图 6.2.9 所示。气相产物在分子筛晶体内部形成后，由于浓度梯度差的作用，分子将向晶体外部扩散，并且在扩散出分子筛晶体时会进一步发生副反应，形成活性以及非活性积炭物种。此时，分子晶体尺寸，即扩散路径将起到重要的作用，并直接决定了活性积炭物种的生成速率。活性积炭物种的生成速率则直接决定了乙烯选择性以及后续非活性积炭物种的生成速率。

图 6.2.9　SAPO-34 分子筛中 MTO 过程的反应扩散历程示意图

　　本章开发了基于 SAPO-34 分子筛催化的 MTO 过程的反应扩散模型，其中重点建立了分子扩散与反应动力学耦合模型，详细考察了 MTO 双循环反应机理、Maxwell-Stefan 多组分扩散理论以及多组分吸附过程。通过吸附动力学实验测定了 SAPO-34 分子筛中 MTO 组分的扩散系数以及等温吸附参数。通过反应扩散模型计算，随着 MTO 反应的进行，反应扩散模拟能够较好地刻画出分子筛晶体粒度对于催化剂寿命、产物选择性、酸性位点、活性积炭物种以及非活性积炭物种在反应器床层尺度的规律。进一步地，详细地分析了在反应过程中分子的扩散行为。需要强调的是，本章中所开发的反应扩散模型避免了经验积炭失活模型的使用。该模型可进一步应用于不同拓扑结构、不同酸性质分子筛以及优化设计分子筛孔道结构的 MTO 反应过程。

6.3　MTO 分子筛晶体中的积炭物种

　　分子筛催化的 MTO 过程属于典型的非均相催化过程，多孔固体催化剂中分子的扩散限制[44, 45]、复杂的孔道结构以及催化活性位点复杂的化学物理性质，使得在多孔固体催化剂材料中进行催化反应时，催化剂颗粒尺度上化学组分的浓度呈现出梯度分布，即时空分布非均匀的现象。获得非均相催化剂反应过程中的分子以及催化活性位点的时空动态演化过程对于理解分子筛催化的构效关系、产物分布以及催化剂失活至关重要[46-49]。因此，直观地获取单一催化剂颗粒尺度中的分子与催化活性位点的时空动态演化过程具有重要意义。

　　近十年来随着多种谱学成像技术的快速发展，催化剂晶体以及催化剂颗粒中的催化活性位点[48, 49]、孔道结构[47, 50]、分子扩散和吸附[45, 51, 52]、化学反应[53-56]以及热效应[57]在反应过程中的时空非均匀演化过程得到了成像。例如，大于 50μm 分子筛晶体中的 Brønsted 酸性位点可以通过同步辐射红外显微镜(IRM)[58]获得。荧光成像技术能够通过荧光探针分子获得催化剂颗粒中高空间分辨率的酸性位点分布[55, 59]。Kärger 等[45]和 Chmelik 等[60]通过干涉显微镜(IFM)与红外显微镜(IRM)直观观测了分子群在多孔材料中的扩散过程。共聚焦荧光显微镜(CFM)是生命科学研究中的重要技术[61, 62]，其可以用于跟踪单一荧光分子在流化催化裂化(FCC)催化剂颗粒介孔和大孔中的扩散路径[52]，以及晶体粒度大于 40μm 分子筛催化剂催化 MTO 反应与 FCC 反应中的积炭物种的时空动态演化过程[59, 63, 64]。然而，开发一种无需探针分子的谱学成像技术，同时还能够用于几微米以下晶体粒度的催化剂催化过程的动态成像研究仍然具有很大的挑战[49, 65]。

深度数据方法[66]的发展为理解实验现象以及填补由于实验技术限制而缺失的实验数据及现象带来新的思路。深度数据方法是基于多尺度模拟计算结合先进谱学手段以及其他实验技术相融合的方法，其可以获取单一分子筛催化剂中分子与催化活性位点的时空动态演化过程。第一性模拟计算，常用于原子以及团簇尺度的反应机理研究，但由于计算资源的限制，其仅能够提供有限活性位点上的反应历程以及有限局部空间中分子的轨迹变化[63, 67]。多尺度反应扩散模型在单一催化剂颗粒尺度上进行建模，其融合了催化剂材料的性质、反应动力学以及分子的传质与吸附[1, 3, 44, 68]，如图 6.3.1 所示。这一多尺度反应扩散模型能够较好地将 MTO 过程的空间多尺度连接起来[1, 3, 44, 68]。多尺度反应扩散模型可以帮助理解单一催化剂颗粒尺度下的主体材料结构与性质、客体分子在反应过程中的演化以及客体分子与材料的相互作用。同时，时空分辨谱学成像技术为多尺度模拟提供了在单一催化剂颗粒尺度上模拟计算的正确性验证。将多尺度模拟计算与时间分辨谱学成像技术相结合的深度数据方法，在研究单一催化剂颗粒尺度上的时空分子分布以及催化活性位点的动态演化方面将具有巨大的潜力。

分子筛催化的 MTO 过程不仅具有十分复杂的反应机理并且还受到分子扩散的显著影响[16, 69, 70]。由于分子筛的孔道限制，在分子筛笼中形成的积炭物种易受困在其中，引发诱导期、自催化并导致积炭快速失活。宏观谱学技术，如固体核磁共振技术(NMR)[71, 72]、溶碳骨架/萃取积炭方法[16]以及紫外可见(UV-Vis)光谱[63, 73]常用于捕获 MTO 过程中所涉及的积炭中间体物种。但直到 Parvulescu 等[74]将 CFM 成像技术用于观测分子筛催化酯化反应过程中分子筛晶体的积炭物种时空分布演化过程，研究人员才在实验上获得积炭物种时空分布演化过程的初步信息。用 CFM 成像技术观察到，MTO 过程中 50μm 的 SAPO-34 分子筛中积炭物种首先在靠近分子筛晶体边缘形成，他们推测这是分子筛孔道对反应物甲醇的扩散限制，使得反应主要的发生场所为靠近分子筛的边缘处[58, 75, 76]。进一步地，他们发现甲醇与水共进料使得 SAPO-34 分子筛的积炭空间落位更加均匀[63]，结合理论计算他们推测水降低了甲醇与产物烯烃的副反应速率，从而使得甲醇能够扩散进入分子筛内部，导致积炭空间分布更加均匀。这些研究直接提供了积炭物种在分子筛中时空分布演化的实验证据。然而，受限于原位 CFM 成像技术的空间分辨率，往往需要采用晶体粒度大于 40μm 的分子筛晶体进行成像研究[54, 58, 76, 77]。实际上，MTO 工业过程中往往采用

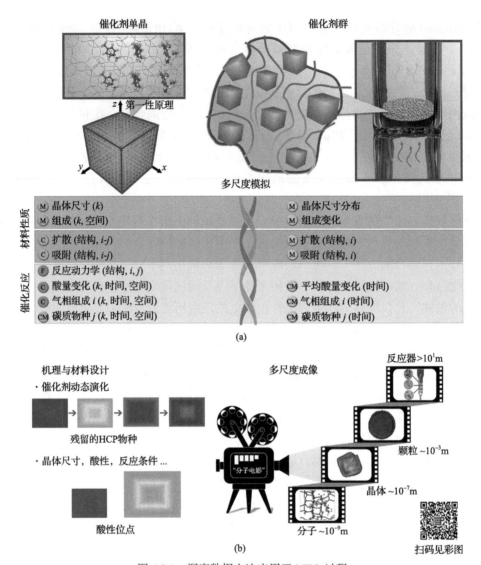

图 6.3.1　深度数据方法应用于 MTO 过程

(a)将实验数据与多尺度反应扩散模型相结合；M 为实验可测量，C 为模型可计算量，CM 为模型可计算及实验可测量，F 为通过实验数据对模型的反馈，i 为气相组分，j 为积炭物种，k 为个体催化晶体；(b)将实验技术与模拟手段相结合以获得多尺度催化过程的深刻机理以及实现"分子电影"[49,50]的拍摄；催化剂颗粒中绿色与红色表示小分子量的积炭物种与大分子量的积炭物种；反应器由蓝变化到红色表示固含率的逐渐升高

微米级别的 SAPO-34 分子筛，因此直接获得微米级别的分子筛晶体中分子与催化活性位点的时空动态演化过程仍然具有挑战性。

　　本章将多尺度反应扩散模型与时空分辨光谱成像及实验技术通过深度数据方法相结合来获得 MTO 反应在单一 SAPO-34 分子筛晶体中的分子与催化活性位点的时空动态演化过程以及相应的反应扩散历程。并且本章的研究将有助于理解 MTO 过程中的两个重要科学问题：一是催化过程中催化活性位点以及活性物种利用不充分，二是 MTO 积炭快速失活。此外，本章中所提出的研究方法还能够应用于其他非均相催化过程的研究。

6.3.1 积炭物种的时空演化与高分辨成像

Kalinin 等[66]提出的深度数据方法的主要思想在于将广泛并且精确的实验数据与多尺度模型进行耦合。首先，将实验数据转化为理论模型的输入以及输出，进行误差估计以及模型验证，并基于所建立的理论模型对多尺度过程进行模拟与预测。如图 6.3.1(a) 所示，基于 6.2 节发展的多尺度反应扩散模型,该模型提供了 MTO 过程的各尺度层次上的参数输入与输出。多尺度反应扩散模型中，分子筛晶体中分子浓度的变化是由反应扩散引起的，该过程可以通过分子筛晶体尺度上的反应扩散方程描述。其中反应动力学采用 MTO 双循环机理[16]，分子通量计算采用 Maxwell-Stefan 方程以及理想吸附溶液理论[3]，该模型需要分子扩散系数以及等温吸附参数作为输入。对于单一分子筛晶体，材料的性质需要在模型中进行体现，其中晶体大小以及酸含量为主要的材料性质。分子筛晶体表面的传质通量是连接晶体与气相组分的桥梁，这一传质通量实现了分子筛晶体与反应器层次的连接。在固定床反应器床层尺度上，可以进一步考虑宏观实验操作条件，如 WHSV、甲醇分压以及共进料组分的影响。通过以上分析，多尺度反应扩散模型能够提供单一分子筛晶体、分子筛晶体群至反应器各个尺度上的输入与输出参数，这为实验数据的耦合提供了可能。在分子筛晶体尺度下，需要获取并估计分子的扩散系数、等温吸附参数、晶体粒度、酸含量以及反应速率参数，并且需要根据这些参数的误差进一步确定参数误差对于模型模拟结果的影响[66]。其次，合成出具有晶体粒度以及酸含量分布较窄的 SAPO-34 分子筛催化剂对于模型参数输入与模拟结果验证十分重要。具有 CHA 纯相的结晶度材料是分子动力学(MD)模拟的前提，其可以通过 XRD 表征进行验证。本章中分子的扩散系数以及等温吸附参数通过第 3 章中的吸附动力学法以及 MD 模拟共同得到[78]。本章中使用的 SAPO-34 分子筛样品相对于平均晶体粒度的最大偏差为 15%以及相对于平均硅含量的最大偏差为 6%，如表 6.3.1 所示。可以注意到，对于 SAPO-34 分子筛中约 0.1 的硅含量对应体相酸含量约 1mmol/g 分子筛，以此进行统计可以获得各分子筛晶体的平均酸含量约为 1.00 ± 0.06mmol/g 分子筛。MTO 过程的反应动力学网络十分复杂并且部分基元反应机理仍然不明确，因此采用 6.2 节所发展的简化的 MTO 双循环反应网络，反应动力学参数来源于表 6.2.1。在 MTO 反应器尺度，WHSV 与反应温度的实验误差分别为 2%和 0.2%。如表 6.3.2 所示，晶体粒度、酸含量分布以及空速的误差限对模拟结果的影响进行了仔细地评估，本章中所使用的分子筛样品，其晶体粒度与酸含量分布以及反应评价的操作条件对模拟结果的影响所产生的误差是可以接受的。最后，在分子筛晶体尺度，积炭物种的时空演化过程由 SIM 技术进行验证。基于受到多方面验证的多尺度反应扩散模型，通过模拟计算填补了分子筛晶体中气体分子以及酸性位点的时空动态演化过程空白并且实现了 MTO 过程的多尺度连接。

表 6.3.1　SAPO-34 分子筛样品单一晶体以及晶体群的晶体粒度以及硅含量组成的统计结果

样品	晶体粒度/μm	EDX 测定硅含量	XRF 测定二氧化硅含量	NH₃-TPD 测定体相酸含量 /(mmol/g 分子筛)
SAPO-34-5	4.82 ± 0.36	$Si_{0.096 \pm 0.001}$	$Si_{0.097}$	1.01 ± 0.01
SAPO-34-12	11.17 ± 1.80	$Si_{0.091 \pm 0.003}$	$Si_{0.093}$	1.09 ± 0.02

续表

样品	晶体粒度/μm	EDX 测定硅含量	XRF 测定二氧化硅含量	NH₃-TPD 测定体相酸含量 /(mmol/g 分子筛)
高硅 SAPO-34-12 (SAPO-34-12_HighSi)	11.68 ± 1.22	$Si_{0.170 \pm 0.005}$	$Si_{0.170}$	1.72 ± 0.02
SAPO-34-17	16.92 ± 1.66	$Si_{0.103 \pm 0.003}$	$Si_{0.092}$	1.05 ± 0.01
SAPO-34-50	47.08 ± 3.50	$Si_{0.110 \pm 0.006}$	$Si_{0.105}$	1.02 ± 0.02

表 6.3.2　晶粒粒度、酸含量分布以及空速的误差限对甲醇转化率，乙烯、丙烯、C_{4+}组分和烷烃选择性，相对酸含量变化以及积炭含量偏差的影响　（单位：%）

误差限	甲醇转化率偏差	乙烯选择性偏差	丙烯选择性偏差	C_{4+}选择性偏差	烷烃选择性偏差	相对酸含量变化偏差	积炭含量变化偏差
±10%晶体粒度	2.82	0.19	0.27	0.27	0.39	1.22	0.23
±16%晶体粒度	5.32	0.87	1.57	0.64	2.60	1.90	0.36
±10%酸含量分布	0.99	0.13	0.15	0.20	0.27	1.59	0.32
±10%空速	3.13	0.14	0.21	0.20	0.33	1.12	0.22

本章中将 MTO 过程的积炭物种划分为活性积炭物种 HCP 以及积炭前驱体，划分的依据是根据积炭物种的反应活性以及积炭物种对组分扩散的限制作用。密度泛函理论 (DFT) 计算[79, 80]以及文献报道的实验[25, 26, 77]发现 MTO 过程中 CHA 笼中的多甲苯以及萘物种能够起到活性烃池物种的作用[24, 25]，而对于菲和芘等其他稠环芳烃物种则表现出较低的反应活性[25, 80]。本章中采用 MD 模拟探究 CHA 笼中负载积炭物种对于客体分子在 723K 下自扩散系数的影响。当 CHA 笼中负载二甲苯或者萘物种时，如图 6.3.2 所示，客体分子在 723K 条件下的自扩散系数所受到的影响较小，相比于空的 CHA 笼，客体分子的自扩散系数下降为原先自扩散系数的 0.3～0.9 倍。而当 CHA 笼中负载菲物种时，相比于空的 CHA 笼之间的扩散，客体分子的自扩散系数下降为原先自扩散系数的 0.05～0.1

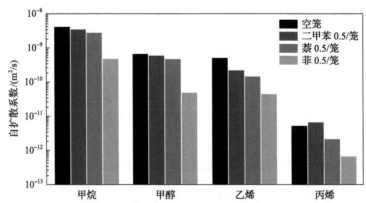

图 6.3.2　AlPO₄-34 分子筛 CHA 笼中负载二甲苯、萘以及菲物种对于甲烷、甲醇、乙烯和丙烯在 723K 下自扩散系数的影响

每两个 CHA 笼中负载二甲苯、萘或菲物种以及甲烷、甲醇、乙烯和丙烯

倍，这说明随着笼内积炭物种体积的增加，客体分子的扩散将受到显著影响。根据以上对积炭物种的反应活性以及对分子自扩散系数的影响，可以将多甲基苯及萘物种划分为活性积炭物种，而将菲、芘以及稠环芳烃物种划分为积炭前驱体。

为了实现 MTO 反应过程中，单一分子筛晶体中的分子与催化活性位点的时空动态演化成像，将多尺度反应扩散模拟与超分辨 SIM 技术同步用于 MTO 过程的研究，以实现相互验证。通过含时密度泛函理论(TD-DFT)[81, 64]计算确定了带有 n 个甲基取代基的苯(B_n^+)、萘(N_n^+)、菲(PH_n^+)和芘(PYR_n^+)的激发波长分别约为 390nm、480nm、560nm 和 640nm，其相应的发射波长范围分别为 480~490nm、500~520nm、620~630nm 和 670~700nm(表 6.3.3)。相较于碳正离子的发射波长，其磷光波长约比发射波长大 80nm[82]。因此，在设计结构光照明显微成像的实验条件时，激发波长与发射波长一般需要较为接近，这样的实验条件不仅保证了各个积炭物种类型能够通过结构光成像技术实现时空分辨，并且避免了磷光的干扰。如图 6.3.3 所示，通过结构成像技术能够实现时空分辨活性积炭物种 HCP 组分(B_n^+ 和 N_n^+)与非活性积炭物种(PH_n^+ 和 PYR_n^+)。

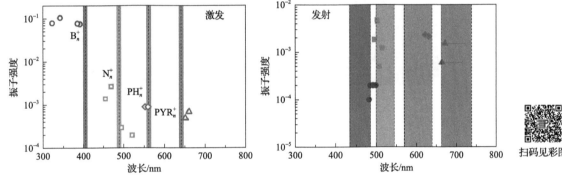

扫码见彩图

图 6.3.3 模拟计算得到的带有 n 个甲基取代基的 B_n^+、N_n^+、PH_n^+ 和 PYR_n^+
碳正离子的激发波长[81, 64]、发射波长以及振子强度

理论计算方法为 B3LYP/6-31G(d, p)；图中蓝线、绿线、红线以及粉线代表位于 405nm(435~485nm)、488nm(500~545nm)、561nm(570~640nm)和 640nm(663~738nm)激发波长和发射波长

表 6.3.3 模拟计算得到的带有 n 个甲基取代基的 B_n^+、N_n^+、PH_n^+ 和 PYR_n^+碳正离子的激发波长[81, 64]、发射波长以及振子强度，理论计算方法为 B3LYP/6-31G(d, p)

积炭物种	激发波长/nm	激发波长/nm①	吸收振子强度	发射波长/nm	发射振子强度
B_1^+	311	342	0.0799	482	0.0001
B_2^+	317	368	0.1058	484	0.0002
B_5^+	345	391	0.0751	492	0.0002
B_6^+	330	385	0.0778	499	0.0002
N_0^+	447	466	0.0024	503	0.0044
N_1^+	441	494	0.0003	496	0.0018
N_3^+	448	469	0.0027	503	0.0047
N_4^+	452	520	0.0002	508	0.0005
N_5^+	455	—	0.0014	515	0.0012

续表

积炭物种	激发波长/nm	激发波长/nm[①]	吸收振子强度	发射波长/nm	发射振子强度
PH_0^+	550	559	0.0009	632	0.0021
PH_1^+	552	—	0.0009	623	0.0023
PYR_0^+	625	623	0.0005	672	0.0015
PYR_1^+	659	—	0.0007	665	0.0006

①基于 CHA 笼结构限制的 TDDFT 计算结果[81, 82]；B_n^+、N_n^+、PH_n^+ 和 PYR_n^+ 分别为带有 n 个甲基取代的苯、萘、菲、芘碳正离子

　　如图 6.3.4 所示，SAPO-34 分子筛的晶体粒度对于 MTO 过程的积炭物种时空动态演化具有显著影响。以 SAPO-34-12 样品为例，在 MTO 反应初期，积炭物种主要在晶体内

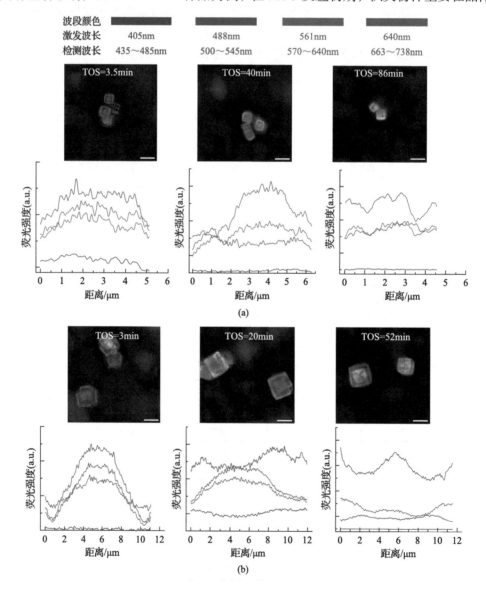

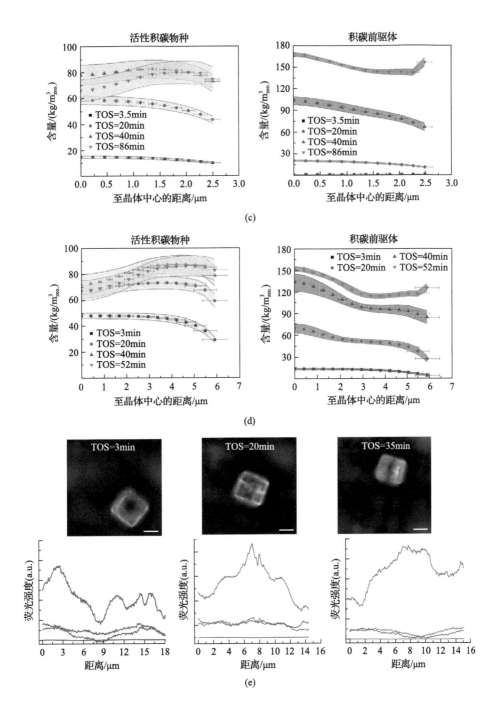

(c)

(d)

(e)

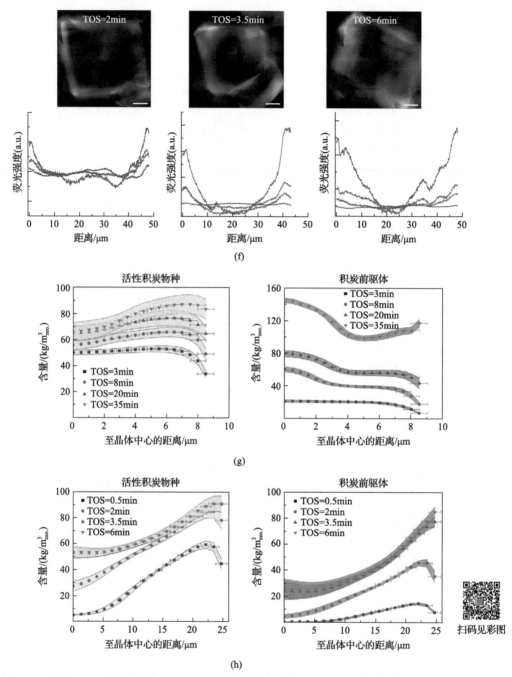

图 6.3.4　通过 SIM 成像与反应扩散模拟获得的积炭物种在 SAPO-34-5〔(4.82±0.36)μm〕〔(a)、(c)〕、
SAPO-34-12〔(11.17±1.80)μm〕〔(b)、(d)〕、SAPO-34-17〔(16.92±1.66)μm〕〔(e)、(g)〕、
SAPO-34-50(47.08±3.50μm) 单一晶体中的时空演化过程〔(f)、(h)〕

反应与模拟条件为温度 723K，空速 (5.0±0.1)g_{MeOH}/(g 分子筛·h)，同时给出了荧光强度的空间分布图；样品的酸含量为 1.00±0.06mmol/g_{zeo}；误差带是由晶体粒度分布以及酸含量分布引起的；SIM 成像为晶体中间的截面图，测试激发波长为 405nm（发射波长检测为 435～485nm，伪色为蓝色）、488nm（发射波长检测为 500～545nm，伪色为绿色）、561nm（发射波长检测为 570～640nm，伪色为红色）、640nm（发射波长检测为 663～738nm，伪色为粉色）

部开始生成，随后，积炭物种的落位由晶体中心向晶体边缘处延伸。随着 MTO 反应的进行，位于晶体中心的活性积炭物种逐渐演化为积炭前驱体，相应地，活性积炭物种在晶体中心的荧光信号强度弱于其落位于晶体中心周围的荧光信号强度。当催化剂开始失活时，积炭前驱体的生成明显富集于晶体边缘，并且最后在晶体边缘富集的积炭物种主要为积炭前驱体。在具有较小晶体粒度的 SAPO-34 分子筛中，当催化剂彻底积炭失活时（甲醇转化率低于 20%），积炭物种的空间分布呈现出晶体边缘富集积炭前驱体，靠近晶体边缘区域主要为未被利用的活性积炭物种，其空间落位呈现出环形，并且包围着落位于晶体中心的积炭前驱体。进一步减小晶体粒度，如 SAPO-34-5 分子筛样品，随着 MTO 过程的进行，积炭物种的时空演化历程与 SAPO-34-12 样品类似，当催化失活后，SAPO-34-5 样品中的活性积炭物种与积炭前驱体的空间落位更加均匀。但增大 SAPO-34 分子筛的晶体粒度，能够注意到晶体粒度对于晶体内部积炭物种的时空演化产生了明显影响。如图 6.3.4(f) 所示，SAPO-34-50 样品的积炭物种落位开始于靠近晶体边缘的区域，随着 MTO 反应的进行，积炭物种从晶体边缘逐渐向晶体内部演化，当催化剂完全失活时，在大晶体中心内部的荧光信号较弱，说明在大晶体中心积炭物种的形成较少。

如图 6.3.4 所示，通过多尺度反应扩散模拟得到的积炭物种在 SAPO-34 分子筛晶体内部的时空演化规律与 SIM 的结果较为一致。图 6.3.4 中显示出了模拟的误差带，这是由晶体粒度分布、酸含量分布以及 WHSV 的误差而引起的。需要注意的是，对于 SAPO-34-5、SAPO-34-12 以及 SAPO-34-17 样品中的积炭物种空间分布是难以通过 CFM 技术而获得的[58, 75]。结合 SIM 以及多尺度反应扩散模拟能够清晰地获得积炭物种的时空演化过程，模拟结果显示出对于较小晶体粒度的 SAPO-34 分子筛，催化失活后，活性积炭物种空间分布呈现出靠近晶体边缘的环形分布，并且模拟发现这一环形区域中的活性积炭物种含量随着晶体粒度的增加而增加，同时积炭前驱体的含量相应的减少。这意味着在较小的 SAPO-34 分子筛晶体中，在催化失活前，积炭活性物种能够充分地接触反应物甲醇并且转化为积炭前驱体。通过上述讨论，本章研究发现，分子筛的晶体粒度对晶体内积炭物种的时空演化起着决定性作用，这一结论在之前的研究中由于受限于仪器空间分辨率而无法获得[50, 58, 75, 76]。

6.3.2　晶体粒度和酸性质对产物、积炭及酸性位点的影响

如图 6.3.5 所示，通过模拟获得了 SAPO-34-5 样品中反应物种以及酸性位点的时空演化过程。在反应初始阶段（TOS = 3min），受到纳米孔道的限制[45]，甲醇主要富集于晶体边缘，因此在晶体边缘处甲醇的反应速率较高，相应地，烯烃产物的生成速率也较快。但在晶体边缘处的分子扩散通量较大，使得形成的部分烯烃产物能够快速扩散至气相中，因此在晶体边缘处的烯烃浓度梯度较低。如图 6.3.5(c)～(d) 所示，晶体粒度较小，甲醇能够扩散至晶体中心，又因晶体中心的扩散通量较小，使得所形成的丙烯与 C_{4+} 组分富集于晶体中心，进而发生副反应形成活性积炭物种。相应地，如图 6.3.5(e) 所示，晶体中心的酸性位点首先被覆盖。但 C_{4+} 组分的扩散速率慢于丙烯的扩散速率，使得 C_{4+} 组分更易积累在晶体中心。相较之下，乙烯的扩散速率较快，容易扩散出晶体进入气相。但

在此反应阶段，反应机理主要以烯烃循环为主导，丙烯的生成相较乙烯更有利，因此气相产物中丙烯的选择性较乙烯更高。在晶体中心形成的气相产物向晶体外部扩散时，不可避免地发生成环反应，因此活性积炭物种的演化呈现出从晶体中心向晶体边缘的变化。当反应时间为 9min 时，积炭物种在晶体内部的生成降低了甲醇在晶体内部的浓度，这使得甲醇在晶体边缘的浓度梯度增加。当反应时间为 40min 时，在晶体中心形成的活性积炭物种与晶体中心形成的丙烯和 C_{4+} 组分反应形成积炭前驱体。因此晶体中心的活性积炭物种含量减少，呈现出活性积炭物种在空间上环形的分布(中心含量少，周围含量高)。在晶体中心形成的积炭前驱体物种将显著阻碍甲醇以及反应物向晶体中心扩散，因此从图 6.3.5(c)～(e)可以看出气相分子与酸性位点的分布也呈现出环形的空间分布，并且由于晶体内部形成了较多的积炭前驱体，其显著限制了大分子产物的扩散，表现为晶体内部的丙烯和 C_{4+} 组分显著增加。通过 MD 模拟结果发现即使形成了积炭前驱体，乙烯的扩散系数仍然快于丙烯和 C_{4+} 组分，因此在晶体内部形成的乙烯依然可以扩散出晶体外部[图 6.3.5(b)]，这也解释了在催化失活开始时，乙烯的选择性依旧在增加的原因。随着反应的进行，晶体边缘处的甲醇浓度梯度逐渐增加，在晶体边缘形成的积炭活性物种将与高浓度的甲醇快速发生反应形成积炭前驱体。在晶体边缘处大量形成的积炭前驱体，阻碍了甲醇扩散进入晶体内部，使得甲醇的转化率迅速下降；同时，如图 6.3.5(c)～(d)所示，晶体边缘的积炭前驱体使得晶体内部的丙烯和 C_{4+} 组分难以扩散出晶体外部，迫使这部分气相产物在晶体内继续发生副反应形成积炭物种，这解释了当甲醇转化率快速下降或者切断甲醇进料时，晶体中的积炭物种依旧在生成的趋势[16, 25]。

对于 SAPO-34-50 样品，在反应初始时刻，由于晶体粒度的增加即扩散路径的延长，甲醇反应扩散仅能够发生在接近晶体边缘的区域。并且在反应的初期，甲醇的浓度梯度在大晶体的晶体边缘增加，使得甲醇在晶体边缘处的反应速率比在小晶体中的反应速率快约 4 倍。如图 6.3.5(b)～(d)所示，气相产物的形成主要在靠近晶体边缘的区域(距离晶体边缘约 10μm)。相比于 SAPO-34-5 晶内的产物浓度分布，由于 SAPO-34-50 扩散路径的延长，晶体内形成的乙烯扩散出晶体较慢，相应地，初始乙烯的选择性较低。如图 6.3.5(e)所示，活性积炭物种的形成开始于靠近晶体边缘的区域，因此酸性位点的覆盖也开始于晶体边缘。当反应时间为 2min 时，在晶体边缘形成的气相产物由于浓度梯度的驱动，部分气相产物扩散至晶体内部。晶体内部的扩散通量较小，扩散至晶体内部的气相产物易形成积炭物种，使得积炭物种的时空演化呈现出由晶体外边缘向晶体内部扩展的趋势。随着反应的进行，晶体边缘处的甲醇浓度梯度增加，高浓度的甲醇与活性积炭物种反应，并在晶体边缘形成积炭前驱体。当反应时间为 3.5min 时，晶体边缘处的积炭前驱体(距离晶体边缘约为 2μm)显著阻碍了甲醇进一步与晶体中的活性积炭物种接触。因此，在失活的大晶体 SAPO-34 分子筛中，如图 6.3.5(e)所示，依旧可以检测到大量酸性位点未被利用，并且越靠近晶体中心，酸性位点含量越多，这与同步辐射 IRM 成像结果相一致[58]。图 6.3.5 中给出了在 SAPO-34-12 与 SAPO-34-17 样品的晶内浓度分布。在 SAPO-34-17 样品中，晶体粒度的增加，使得在反应初期，活性积炭物种形成靠近在晶体边缘区域(靠近晶体边缘约 6μm)。但与 SAPO-34-50 样品不同的是，在晶体边

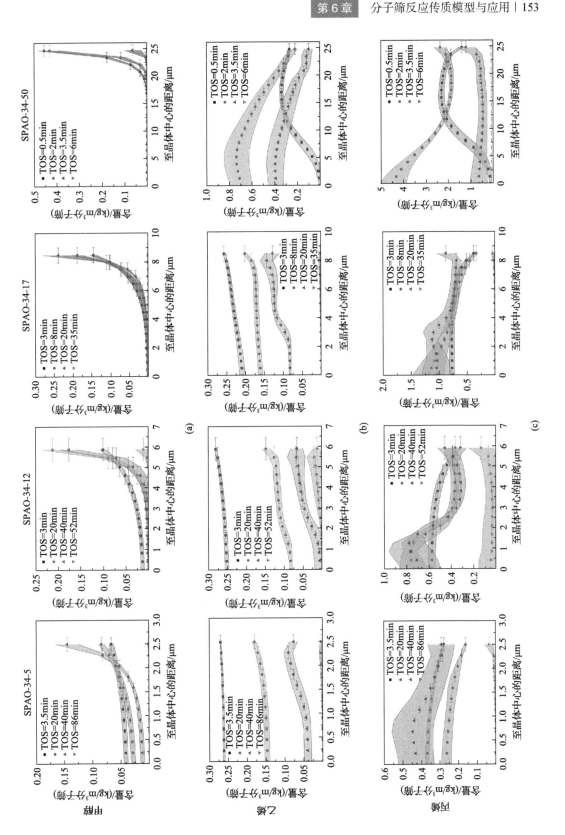

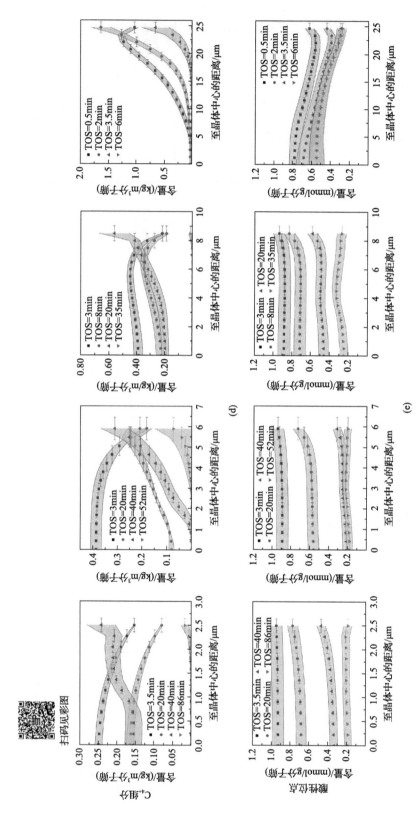

图 6.3.5　反应–扩散模拟求得的甲醇(a)、乙烯(b)、丙烯(c)、C₄₊组分(d)和酸性位点(e)在SAPO-34-5(4.82μm±0.36μm)、SAPO-34-12(11.17μm±1.80μm)、SAPO-34-17(16.92μm±1.66μm)、SAPO-34-50(47.08μm±3.50μm)晶体中的时空演化过程
反应与模拟条件温度为723K，空速为(5.0±0.1)gₘₑₒₕ/(g分子筛·h)；误差带是由于晶体粒度分布以及酸含量分布

缘形成的气相产物能够快速扩散到晶体中心（较短的扩散距离），进而较快地在晶体中心区域形成活性积炭物种与积炭前驱体。因此，在反应初期，SAPO-34-17 样品上的活性积炭物种在靠近晶体边缘区域形成，而积炭前驱体在晶体中心形成。

图 6.3.6 总结了 SAPO-34 分子筛的晶体粒度（即扩散长度）对 MTO 反应过程中分子筛晶体内部的酸性位点可接触性、积炭物种的时空演化以及分子扩散变化的影响。缩短扩散路径有利于甲醇扩散至晶体中心，使得分子筛晶体内部的酸性位点更为充分地与甲醇接触。此外，在分子筛晶体中形成的气相产物能够向晶体外部扩散，而不是停留在晶体内部。结合多尺度反应扩散模型，MTO 过程中微米级别的分子筛晶体中的气相产物、积炭物种以及酸性活性位点的时空动态演化过程得到了成像，而这一演化过程无法通过现有的成像技术[48, 49]以及第一性理论模拟计算获得。

通过分子筛晶体内部的成像研究能够进一步揭示 MTO 宏观反应过程的规律，如晶体粒度如何影响不同酸性位点的利用率、积炭物种的含量与性质、催化剂的积炭快速失活以及不同的催化寿命。如图 6.3.7(b) 所示，漫反射红外光谱（DRIFTS）实验与模拟结果均反映出，随着晶体粒度减小，分子筛内部的酸性位点覆盖速率减慢，并且在催化剂彻底失活后残余的酸含量也较少。正如成像研究部分所讨论的那样，减小晶体粒度有利于气相产物向晶体外部扩散，促进酸性位点的可接触性以及减缓气相产物发生副反应形成积炭物种。相应地，活性积炭物种向积炭前驱体地转化减慢。如图 6.3.7(e) 所示，漫反射紫外-可见（DR UV-vis）光谱可以提供在相同激发波长条件下半定量的积炭物种含量信息。相比于大晶体 SAPO-34 分子筛中的积炭物种演化，在小晶体 SAPO-34 分子筛中，反应的初始阶段积炭物种 B_n^+（～390nm）和 N_n^+（～480nm）的生成速率较慢，并且积炭物种 PH_n^+（～561nm）和 PYR_n^+（～640nm）的生成速率不明显。Wang 等[83]在 SAPO-34 分子筛催化 MTO 过程中检测到分子量大于 200Da 的稠环芳烃物种，如图 6.3.7(d) 所示，随着分子筛晶体粒度的减小，失活催化剂中所能够检测到的稠环芳烃物种（分子量大于 200Da）的平均分子量越大。如图 6.3.5(a) 所示，在小晶体 SAPO-34 分子筛中，甲醇的浓度分布相较于大晶体分子筛更为均匀，这使得小晶体分子筛的晶体边缘处的积炭前驱体形成减慢，这促进了气相产物与晶体内部的活性积炭物种与积炭前驱体物种的充分接触，从而能够形成平均分子量更大的稠环芳烃物种。与此同时，在催化失活的小晶体分子筛中，积炭含量与非活性积炭物种的生成更多，这说明小晶体中活性积炭物种利用率更加充分。

理解分子筛积炭快速失活不仅是较难解决的科学问题，而且对于反应器设计具有重要的应用意义[50, 84]。如图 6.3.6 所示，SAPO-34 分子筛晶体边缘的积炭生成可以分为三阶段。在第一阶段，反应的初期甲醇转化率高于95%，积炭前驱体在 SAPO-34-5 样品中的形成速率约为 SAPO-34-50 样品中的 0.05 倍。这使得甲醇能够更为充分地进入分子筛晶体内部与酸性位点及活性积炭物种相接触，因此延长了甲醇高转化率的时间。在第二阶段，晶体边缘的积炭前驱体生成速率约为初始阶段的两倍，这是积炭前驱体的积累显著限制了甲醇的扩散，使得甲醇浓度在晶体边缘处富集，因而加速了积炭前驱体的形成以及晶体边缘处孔道的堵塞，使得甲醇难以充分扩散进入晶体内部，造成甲醇转化率快

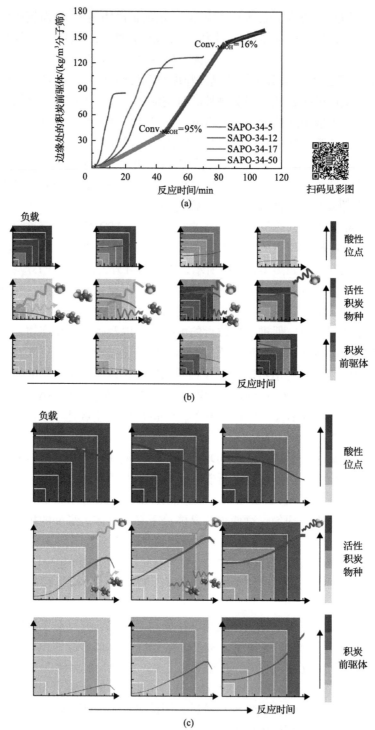

图 6.3.6 不同晶体粒度 SAPO-34 分子筛晶体的酸性位点和积炭物种的时空演化

(a)具有不同晶体粒度 SAPO-34 分子筛晶体边缘处积炭前驱体随反应时间的生成过程；(b)、(c)晶体粒度对 MTO 反应过程中 SAPO-34 分子筛中酸性位点、活性积炭物种和积炭前驱体时空演化的影响

二维平面图为晶体中心的截面图，左边起点为晶体的中心；曲线为酸性位点、活性积炭物种和积炭前驱体的空间分布

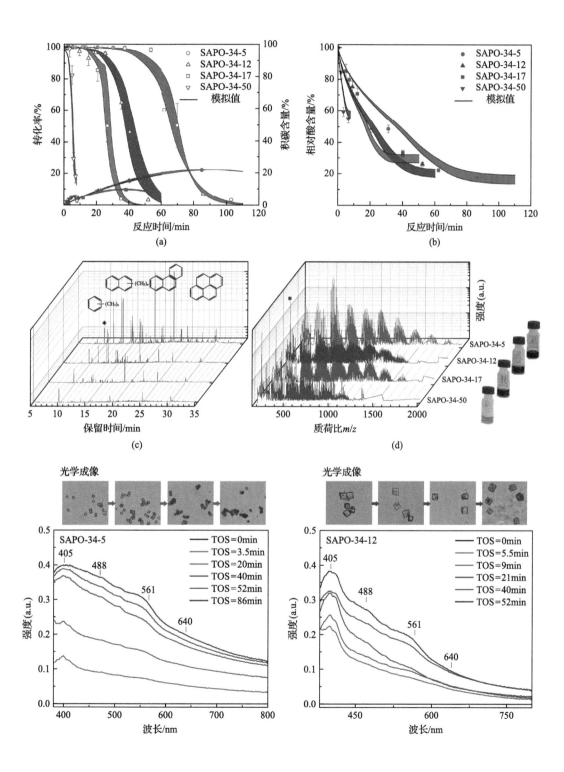

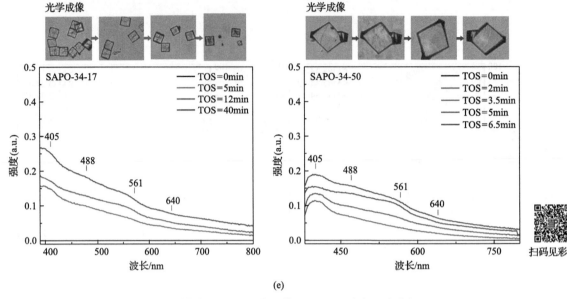

图 6.3.7　不同大小 SAPO-34 分子筛上 MTO 反应与积炭分析

(a)甲醇转化率与积炭含量随 MTO 反应时间的变化；(b)DRIFT 检测得到的分子筛晶体中相对酸含量变化，误差带为模拟的误差；(c)GC-MS 分析的分子量小于 200Da 的失活 SAPO-34 中的积炭物种，*为六氯乙烷内标；(d)基质辅助激光解吸电离傅里叶变换离子回旋共振(MALDI FT-ICR)质谱检测分子量大于 200Da 的失活 SAPO-34 中的积炭物种，以及萃取的积炭液体的光学照片；(e)积炭分子筛晶体的光学成像与 DR UV-Vis 检测 MTO 反应过程中的积炭演化过程

速下降。图 6.3.6 中该阶段的积炭前驱体在晶体边缘处的生成含量可以与甲醇转化率的快速下降相对应。图 6.3.5(e)中能够发现 SAPO-34-5 分子筛晶体边缘处的剩余酸含量远低于 SAPO-35-50 样品，这说明了减小晶体粒度还有利于增加晶体边缘所能够生成的积炭前驱体的含量，因此甲醇在这一阶段的转化率(95%～20%)下降速率随着晶体粒度的减小而减小。考虑到小晶体的晶体边缘所能够容纳的积炭前驱体含量更多，这也解释了失活小晶体 SAPO-34 分子筛的晶体颜色更暗沉的原因。

　　本节采用(SAPO-34-12_HighSi)分子筛催化 MTO 过程进一步验证模型。该样品的晶体粒度为(11.68 ± 1.22)μm，化学组成与酸含量分别为 $Al_{0.426\pm0.019}P_{0.401\pm0.011}Si_{0.170\pm0.005}$ 与 (1.72 ± 0.02)mmol/g 分子筛。模拟计算所采用的动力学及扩散参数采用上述已确定好的参数。如图 6.3.8 所示，在 SAPO-34-12_HighSi 样品中，由于酸含量的提高，MTO 的催化寿命显著缩短，并且乙烯初始选择性下降而 C_{4+} 组分初始选择性增加[85]，模拟结果同样能够体现出这一规律。相比于 SAPO-34-12 样品的 MTO 反应结果，彻底失活的 SAPO-34-12_HighSi 样品中剩余酸含量(59.54%)较高并且积炭含量(16.75wt%)较少。为了理解这一现象，如图 6.3.8 和图 6.3.9 所示，通过多尺度反应扩散模拟获得了 SAPO-34 分子筛中的分子与酸性位点的时空演化历程，在反应初期活性积炭物种与积炭前驱体在分子筛晶体内快速生成，酸性位点的增多使得在反应的初期积炭物种的形成主要在靠近晶体边缘区域生成(约距离晶体 2μm)。随后，通过芳烃循环，所形成的部分烯烃产物向晶体内部扩散进而发生副反应形成活性积炭物种以及积炭前驱体。因此，可以观察到晶体中心的积炭前驱体的

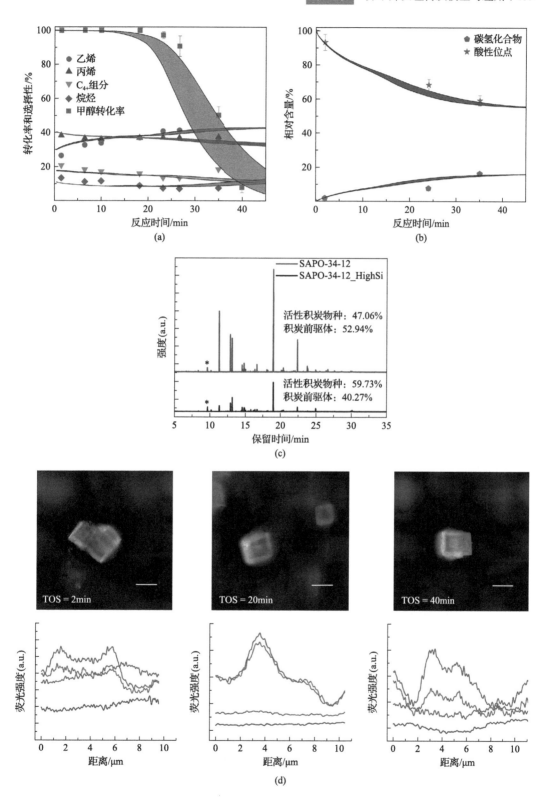

(a)

(b)

(c)

(d)

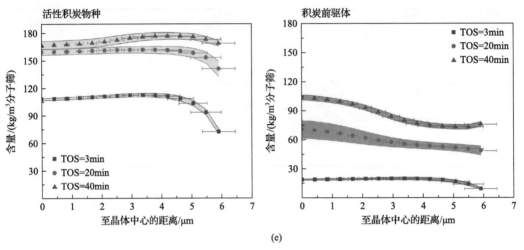

图 6.3.8　SAPO-34-12_HighSi 样品催化 MTO 过程的反应结果与模拟对比

(a) 甲醇转化率与产品选择性；(b) 分子筛中残余的相对酸含量；(c) 失活分子筛中积炭物种的分析，*表示六氯甲烷内标；(d) SIM 成像分子筛晶体中的积炭物种时空分布；(e) 分子筛中活性积炭物种与积炭前驱体的时空演化过程的模拟结果；反应与模拟条件为 723K 以及空速 $5.0 \pm 0.1 g_{MeOH}/(g$ 分子筛·h)。样品的酸量为 1.70 ± 0.10 mmol/g 分子筛；误差带由晶体粒度分布以及酸量分布导致

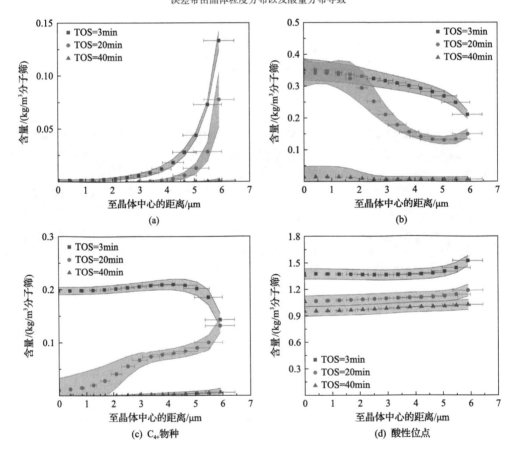

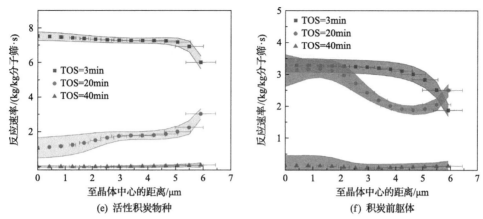

图 6.3.9　高硅 SAPO-34 分子筛中甲醇(a)、丙烯(b)、C_{4+}物种(c)、酸性位点(d)、酸性位点(e)和积炭前驱体(f)的时空演化过程

反应与模拟条件为 723 K 以及空速 $5.0 \pm 0.1_{g_{MeOH}}$/(g 分子筛·h)；样品的酸含量为 1.70 ± 0.10mmol/g 分子筛；图中误差带由晶体粒度分布以及酸量分布导致

迅速生成。由于积炭活性物种在晶体边缘处的快速积累，甲醇在晶体边缘的富集使得晶体边缘处迅速形成积炭前驱体物种。晶体边缘被积炭前驱体物种的堵塞，使得晶体内部尚有足量的酸性位点以及活性积炭物种没有得到利用。

本章中，采用多尺度反应扩散模型与高分辨率 SIM 光谱技术以及与其他催化剂表征手段相结合实现了 MTO 过程中单一分子筛晶体中气相产物、积炭物种以及酸性位点的时空动态演化成像。更为重要的是，直观描述了 MTO 过程中单一晶体尺度下的反应扩散历程，揭示了分子筛中酸性位点利用率与积炭快速失活之间的联系，加深了对这两个 MTO 过程中重要基础问题的理解。本章还证实了将理论模型与多种表征技术相结合的可行性，这将有利于揭示出仅依靠模拟计算或者实验技术而无法获得的复杂催化反应过程。

6.4　小　结

本章基于 Maxwell-Stefan 扩散理论和理想溶液吸附理论，介绍了分子筛多组分体系的反应传质模型，并以 MTO 反应为研究对象，给出了具体应用。模拟计算与时空分辨光谱成像技术的结合，为理解 MTO 反应过程中各物种的时空演化提供了有力支撑。这些工作可为深入研究分子筛晶体上的反应扩散机制提供重要参考。

本章参考文献

[1] Li H, Ye M, Liu Z. A multi-region model for reaction-diffusion process within a porous catalyst pellet. Chemical Engineering Science, 2016, 147: 1-12.

[2] Krishna R, Wesselingh J A. The Maxwell-Stefan approach to mass transfer. Chemical Engineering Science, 1997, 52(6): 861-911.

[3] Hansen N, Krishna R, van Baten J M, et al. Analysis of diffusion limitation in the alkylation of benzene over H-ZSM-5 by combining quantum chemical calculations, molecular simulations, and a continuum approach. The Journal of Physical

Chemistry C, 2009, 113(1): 235-246.

[4] Myers A L, Prausnitz J M. Thermodynamics of mixed-gas adsorption. AIChE Journal, 1965, 11(1): 121-127.

[5] Krishna R, van Baten J M. Diffusion of alkane mixtures in zeolites: validating the maxwell-Stefan formulation using MD simulations. The Journal of Physical Chemistry B, 2005, 109(13): 6386-6396.

[6] Skoulidas A I, Sholl D S, Krishna R. Correlation effects in diffusion of CH_4/CF_4 mixtures in MFI zeolite. A study linking MD simulations with the Maxwell-Stefan formulation. Langmuir, 2003, 19(19): 7977-7988.

[7] Krishna R, Paschek D, Baur R. Modeling the occupancy dependence of diffusivities in zeolites. Microporous and Mesoporous Materials, 2004, 76(1): 233-246.

[8] Tian P, Wei Y, Ye M, et al. Methanol to olefins (MTO): from fundamentals to commercialization. ACS Catalysis, 2015, 5(3): 1922-1938.

[9] Yang M, Fan D, Wei Y, et al. Recent progress in methanol-to-olefins (MTO) catalysts. Advanced Materials, 2019, 31(50): 1902181.

[10] Xu S, Zhi Y, Han J, et al. Chapter two-advances in catalysis for methanol-to-olefins conversion. Advances in Catalysis, 2017, 61: 37-122.

[11] Yarulina I, Chowdhury A D, Meirer F, et al. Recent trends and fundamental insights in the methanol-to-hydrocarbons process. Nature Catalysis, 2018, 1(6): 398-411.

[12] Dahl I M, Kolboe S. On the reaction mechanism for hydrocarbon formation from methanol over SAPO-34: I. isotopic labeling studies of the co-reaction of ethene and methanol. Journal of Catalysis, 1994, 149(2): 458-464.

[13] Dahl I M, Kolboe S. On the reaction mechanism for hydrocarbon formation from methanol over SAPO-34: 2. isotopic labeling studies of the co-reaction of propene and methanol. Journal of Catalysis, 1996, 161(1): 304-309.

[14] Olsbye U, Svelle S, Bjørgen M, et al. Conversion of methanol to hydrocarbons: how zeolite cavity and pore size controls product selectivity. Angewandte Chemie International Edition, 2012, 51(24): 5810-5831.

[15] Dai W, Scheibe M, Li L, et al. Effect of the methanol-to-olefin conversion on the PFG NMR self-diffusivities of ethane and ethene in large-crystalline SAPO-34. The Journal of Physical Chemistry C, 2012, 116(3): 2469-2476.

[16] Hereijgers B P C, Bleken F, Nilsen M H, et al. Product shape selectivity dominates the methanol-to-olefins (MTO) reaction over H-SAPO-34 catalysts. Journal of Catalysis, 2009, 264(1): 77-87.

[17] Dai W, Wu G, Li L, et al. Mechanisms of the deactivation of SAPO-34 materials with different crystal sizes applied as MTO catalysts. ACS Catalysis, 2013, 3(4): 588-596.

[18] Yang G, Wei Y, Xu S, et al. Nanosize-enhanced lifetime of SAPO-34 catalysts in methanol-to-olefin reactions. The Journal of Physical Chemistry C, 2013, 117(16): 8214-8222.

[19] Cai D, Ma Y, Hou Y, et al. Establishing a discrete Ising model for zeolite deactivation: inspiration from the game of Go. Catalysis Science & Technology, 2017, 7(12): 2440-2444.

[20] Yuan X, Li H, Ye M, et al. Kinetic modeling of methanol to olefins process over SAPO-34 catalyst based on the dual-cycle reaction mechanism. AIChE Journal, 2019, 65(2): 662-674.

[21] 袁小帅. 基于 DMTO 工业催化剂的甲醇制烯烃反应动力学研究. 大连: 中国科学院大连化学物理研究所, 2018.

[22] Park T-Y, Froment G F. Kinetic Modeling of the Methanol to Olefins Process. 1. Model Formulation. Industrial & Engineering Chemistry Research, 2001, 40(20): 4172-4186.

[23] Alwahabi S M, Froment G F. Single event kinetic modeling of the methanol-to-olefins process on SAPO-34. Industrial & Engineering Chemistry Research, 2004, 43(17): 5098-5111.

[24] Borodina E, Meirer F, Lezcano-González I, et al. Influence of the reaction temperature on the nature of the active and deactivating species during methanol to olefins conversion over H-SSZ-13. ACS Catalysis, 2015, 5(2): 992-1003.

[25] Borodina E, Sharbini Harun Kamaluddin H, Meirer F, et al. Influence of the reaction temperature on the nature of the active and deactivating species during methanol-to-olefins conversion over H-SAPO-34. ACS Catalysis, 2017, 7(8): 5268-5281.

[26] Song W, Fu H, Haw J F. Selective synthesis of methylnaphthalenes in H-SAPO-34 cages and their function as reaction centers

in methanol-to-olefin catalysis. The Journal of Physical Chemistry B, 2001, 105 (51): 12839-12843.

[27] Haw J F, Song W, Marcus D M, et al. The mechanism of methanol to hydrocarbon catalysis. Accounts of Chemical Research, 2003, 36 (5): 317-326.

[28] Müller S, Liu Y, Kirchberger F M, et al. Hydrogen transfer pathways during zeolite catalyzed methanol conversion to hydrocarbons. Journal of the American Chemical Society, 2016, 138 (49): 15994-16003.

[29] Gao M, Li H, Ye M, et al. An approach for predicting intracrystalline diffusivities and adsorption entropies in nanoporous crystalline materials. AIChE Journal, 2020, 66: e16991.

[30] Ruthven D M, Reyes S C. Adsorptive separation of light olefins from paraffins. Microporous and Mesoporous Materials, 2007, 104 (1): 59-66.

[31] Chen D, Rebo H P, Moljord K, et al. Methanol conversion to light olefins over SAPO-34. Sorption, diffusion, and catalytic reactions. Industrial & Engineering Chemistry Research, 1999, 38 (11): 4241.

[32] Hedin N, DeMartin G J, Roth W J, et al. PFG NMR self-diffusion of small hydrocarbons in high silica DDR, CHA and LTA structures. Microporous and Mesoporous Materials, 2008, 109 (1): 327-334.

[33] Denayer J F M, Devriese L I, Couck S, et al. Cage and window effects in the adsorption of n-alkanes on chabazite and SAPO-34. The Journal of Physical Chemistry C, 2008, 112 (42): 16593-16599.

[34] Li S, Falconer J L, Noble R D. SAPO-34 membranes for CO_2/CH_4 separation. Journal of Membrane Science, 2004, 241 (1): 121-135.

[35] Li S, Martinek J G, Falconer J L, et al. High-pressure CO_2/CH_4 separation using SAPO-34 membranes. Industrial & Engineering Chemistry Research, 2005, 44 (9): 3220-3228.

[36] Feng X, Duan X, Qian G, et al. Au nanoparticles deposited on the external surfaces of TS-1: enhanced stability and activity for direct propylene epoxidation with H_2 and O_2. Applied Catalysis B-environmental, 2014, 150-151: 396-401.

[37] Sotelo J L, Uguina M A, Valverde J L, et al. Deactivation of toluene alkylation with methanol over magnesium-modified ZSM-5 Shape selectivity changes induced by coke formation. Applied Catalysis A-general, 1994, 114 (2): 273-285.

[38] de Lucas A, Canizares P, Durán A, et al. Coke formation, location, nature and regeneration on dealuminated HZSM-5 type zeolites. Applied Catalysis A-general, 1997, 156 (2): 299-317.

[39] Chen D, Rebo H P, Holmen A. Diffusion and deactivation during methanol conversion over SAPO-34: a percolation approach. Chemical Engineering Science, 1999, 54 (15): 3465-3473.

[40] Beerdsen E, Dubbeldam D, Smit B. Understanding diffusion in nanoporous materials. Physcial Review Letters, 2006, 96 (4): 044501.

[41] Kumar P, Thybaut J W, Teketel S, et al. Single-event microKinetics (SEMK) for methanol to hydrocarbons (MTH) on H-ZSM-23. Catalysis Today, 2013, 215 (Supplement C): 224-232.

[42] Wang S, Chen Y, Wei Z, et al. Polymethylbenzene or alkene cycle? Theoretical study on their contribution to the process of methanol to olefins over H-ZSM-5 zeolite. The Journal of Physical Chemistry C, 2015, 119 (51): 28482-28498.

[43] Chmelik C, Kärger J. In situ study on molecular diffusion phenomena in nanoporous catalytic solids. Chemical Society Reviews, 2010, 39 (12): 4864-4884.

[44] Keil F J. Molecular Modelling for Reactor Design. Annual Review of Chemical and Biomolecular Engineering, 2018, 9 (1): 201-227.

[45] Kärger J, Binder T, Chmelik C, et al. Microimaging of transient guest profiles to monitor mass transfer in nanoporous materials. Nature Materials, 2014, 13 (4): 333-343.

[46] Buurmans I L C, Weckhuysen B M. Heterogeneities of individual catalyst particles in space and time as monitored by spectroscopy. Nature Chemisity, 2012, 4: 873-886.

[47] Mitchell S, Michels N-L, Kunze K, et al. Visualization of hierarchically structured zeolite bodies from macro to nano length scales. Nature Chemisity, 2012, 4: 825-831.

[48] Weckhuysen B M. Chemical Imaging of Spatial Heterogeneities in Catalytic Solids at Different Length and Time Scales.

Angewandte Chemie International Edition, 2009, 48(27): 4910-4943.

[49] Meirer F, Weckhuysen B M. Spatial and temporal exploration of heterogeneous catalysts with synchrotron radiation. Nature Reviews Materials, 2018, 3(9): 324-340.

[50] Whiting G T, Nikolopoulos N, Nikolopoulos I, et al. Visualizing pore architecture and molecular transport boundaries in catalyst bodies with fluorescent nanoprobes. Nature Chemisity, 2019, 11(1): 23-31.

[51] Remi J C S, Lauerer A, Chmelik C, et al. The role of crystal diversity in understanding mass transfer in nanoporous materials. Nature Materials, 2016, 15(4): 401-406.

[52] Hendriks F C, Meirer F, Kubarev A V, et al. Single-molecule fluorescence microscopy reveals local diffusion coefficients in the pore network of an individual catalyst particle. Journal of the American Chemical Society, 2017, 139(39): 13632-13635.

[53] Roeffaers Maarten B J, De Cremer G, Libeert J, et al. Super-resolution reactivity mapping of nanostructured catalyst particles. Angewandte Chemie International Edition, 2009, 48(49): 9285-9289.

[54] Mores D, Stavitski E, Kox M H F, et al. Space-and time-resolved in-situ spectroscopy on the coke formation in molecular sieves: methanol-to-olefin conversion over H-ZSM-5 and H-SAPO-34. Chemistry A European Journal, 2008, 14(36): 11320-11327.

[55] Roeffaers M B J, Sels B F, Uji-i H, et al. Spatially resolved observation of crystal-face-dependent catalysis by single turnover counting. Nature, 2006, 439: 572-575.

[56] Costa P, Sandrin D, Scaiano J C. Real-time fluorescence imaging of a heterogeneously catalysed Suzuki-Miyaura reaction. Nature Catalysis, 2020, 3: 427-437.

[57] Hartman T, Geitenbeek R G, Whiting G T, et al. Operando monitoring of temperature and active species at the single catalyst particle level. Nature Catalysis, 2019(11): 986-996.

[58] Qian Q, Ruiz-Martínez J, Mokhtar M, et al. Single-particle spectroscopy on large SAPO-34 crystals at work: methanol-to-olefin versus ethanol-to-olefin processes. Chemistry A European Journal, 2013, 19(34): 11204-11215.

[59] Buurmans I L C, Ruiz-Martínez J, Knowles W V, et al. Catalytic activity in individual cracking catalyst particles imaged throughout different life stages by selective staining. Nature Chemistry, 2011, 3: 862-867.

[60] Chmelik C, Liebau M, Al-Naji M, et al. One-shot measurement of effectiveness factors of chemical conversion in porous catalysts. ChemCatChem, 2018, 10(24): 5602-5609.

[61] Wong Y C, Ysselstein D, Krainc D. Mitochondria-lysosome contacts regulate mitochondrial fission via RAB7 GTP hydrolysis. Nature, 2018, 554: 382-386.

[62] Qi Q, Chi W, Li Y, et al. A H-bond strategy to develop acid-resistant photoswitchable rhodamine spirolactams for super-resolution single-molecule localization microscopy. Chemical Science, 2019, 10(18): 4914-4922.

[63] De Wispelaere K, Wondergem C S, Ensing B, et al. Insight into the effect of water on the methanol-to-olefins conversion in H-SAPO-34 from molecular simulations and in situ microspectroscopy. ACS Catalysis, 2016, 6(3): 1991-2002.

[64] van Speybroeck V, Hemelsoet K, De Wispelaere K, et al. Mechanistic studies on chabazite-type methanol-to-olefin catalysts: insights from time-resolved UV/Vis microspectroscopy combined with theoretical simulations. ChemCatChem, 2013, 5(1): 173-184.

[65] Fu D, Park K, Delen G, et al. Nanoscale infrared imaging of zeolites using photoinduced force microscopy. Chemical Communications, 2017, 53(97): 13012-13014.

[66] Kalinin S V, Sumpter B G, Archibald R K. Big-deep-smart data in imaging for guiding materials design. Nature Materials, 2015, 14: 973-980.

[67] Grajciar L, Heard C J, Bondarenko A A, et al. Towards operando computational modeling in heterogeneous catalysis. Chemical Society Reviews, 2018, 47(22): 8307-8348.

[68] Ye G, Wang H, Zhou X, et al. Optimizing catalyst pore network structure in the presence of deactivation by coking. AIChE Journal, 2019, 65(10): e16687.

[69] Kang J H, Alshafei F H, Zones S I, et al. Cage-defining ring: a molecular sieve structural indicator for light olefin product

distribution from the methanol-to-olefins reaction. ACS Catalysis, 2019, 9(7): 6012-6019.

[70] Shen Y, Le T T, Fu D, et al. Deconvoluting the competing effects of zeolite framework topology and diffusion path length on methanol-to-hydrocarbon reactions. ACS Catalysis, 2018, 8(12): 11042-11053.

[71] Wu X, Xu S, Wei Y, et al. Evolution of C-C bond formation in the methanol-to-olefins process: from direct coupling to autocatalysis. ACS Catalysis, 2018, 8: 7356-7361.

[72] Chowdhury A D, Lucini Paioni A, Whiting G T, et al. Unraveling the homologation reaction sequence of the zeolite-catalyzed ethanol-to-hydrocarbons process. Angewandte Chemie International Edition, 2019, 58(12): 3908-3912.

[73] Goetze J, Meirer F, Yarulina I, et al. Insights into the activity and deactivation of the methanol-to-olefins process over different small-pore zeolites as studied with operando UV-vis spectroscopy. ACS Catalysis, 2017, 7(6): 4033-4046.

[74] Parvulescu A N, Mores D, Stavitski E, et al. Chemical imaging of catalyst deactivation during the conversion of renewables at the single particle level: etherification of biomass-based polyols with alkenes over H-beta zeolites. Journal of the American Chemical Society, 2010, 132(30): 10429-10439.

[75] Mores D, Kornatowski J, Olsbye U, et al. Coke formation during the methanol-to-olefin conversion: in situ microspectroscopy on individual H-ZSM-5 crystals with different Brønsted acidity. Chemistry A Eurpean Journal, 2011, 17(10): 2874-2884.

[76] Qian Q, Ruiz-Martínez J, Mokhtar M, et al. Single-catalyst particle spectroscopy of alcohol-to-olefins conversions: comparison between SAPO-34 and SSZ-13. Catalysis Today, 2014, 226: 14-24.

[77] Zhu X, Hofmann J P, Mezari B, et al. Trimodal porous hierarchical SSZ-13 zeolite with improved catalytic performance in the methanol-to-olefins reaction. ACS Catalysis, 2016, 6(4): 2163-2177.

[78] Gao M, Li H, Yang M, et al. Direct quantification of surface barriers for mass transfer in nanoporous crystalline materials. Communications Chemistry, 2019, 2(1): 43-52.

[79] De Wispelaere K, Hemelsoet K, Waroquier M, et al. Complete low-barrier side-chain route for olefin formation during methanol conversion in H-SAPO-34. Journal of Catalysis, 2013, 305: 76-80.

[80] Wang S, Chen Y, Wei Z, et al. Evolution of aromatic species in supercages and its effect on the conversion of methanol to olefins over H-MCM-22 zeolite: a density functional theory study. The Journal of Physical Chemistry C, 2016, 120(49): 27964-27979.

[81] Hemelsoet K, Qian Q, De Meyer T, et al. Identification of intermediates in zeolite-catalyzed reactions by in situ UV/Vis microspectroscopy and a complementary set of molecular simulations. Chemistry A Eurpean Journal, 2013, 19(49): 16595-16606.

[82] Omori N, Greenaway A G, Sarwar M, et al. Understanding the dynamics of fluorescence emission during zeolite detemplation using time resolved photoluminescence spectroscopy. The Journal of Physical Chemistry C, 2020, 124(1): 531-543.

[83] Wang N, Zhi Y, Wei Y, et al. Molecular elucidating of an unusual growth mechanism for polycyclic aromatic hydrocarbons in confined space. Nature Communication, 2020, 11(1): 1079-1090.

[84] Aramburo L R, de Smit E, Arstad B, et al. X-ray imaging of zeolite particles at the nanoscale: influence of steaming on the state of aluminum and the methanol-to-olefin reaction. Angewandte Chemie International Edition, 2012, 51(15): 3616-3619.

[85] Gao B, Yang M, Qiao Y, et al. A low-temperature approach to synthesize low-silica SAPO-34 nanocrystals and their application in the methanol-to-olefins (MTO) reaction. Catal Sci Technol, 2016, 6(20): 7569-7578.